JN056169

農業法人の経営戦略

事業戦略とマーケティング戦略を中心に

伊藤 雅之 著

筑波書房

はじめに

食料安全保障の観点から我が国農業の発展は重要である。発展を牽引する主体のひとつは、成長志向を有する農業法人である。当該農業法人は、生産に加えて、加工、直接販売、サービスなど多様な事業に取り組むことで継続的な事業活動を実現しうる。生産における技術開発や品種改良などについては、行政による支援が存在する。あるいは農業法人の生産部門そのものを農家の組織化や農家との契約によって拡大することが可能である。しかし、加工品の販売、直接販売、サービス提供などマーケティング部門については、食品加工メーカー、食品小売業、食品サービス業と比べて、組織能力の観点から劣位に陥りがちである。すなわち、パワーを持ちにくい状況である。この状況が続けば、農業法人の発展が阻害される懸念がある。農業法人が、マーケティング活動において、適度なパワーを持ち、食品加工メーカー、食品小売業等と適切に協調していく、あるいは競争していくことが望ましい。

農業法人がパワーを持つためには、外部の関係者のニーズに対応していくだけでなく、経営的観点から戦略的な取り組みを行うことが求められる。すなわち、全社戦略・個別戦略を策定し、その達成に向けて事業に取り組むことが必要である。しかしながら、これまでの議論においては、農業の特性上、生産活動のあり方に主眼がおかれることが多く、それ以外の事業については、その前提となる方向性のあり方も含めてあまり重視されてこなかったように思う。仕事の成否は段取り八分と言われるように、実際の行動に着手する前にその方向性を十分に吟味することが望ましい。

民間企業を対象とした経営戦略論の書籍は数多くあり、概念的整理や事例スタディもなされている。また、フードチェーンを意識した農家の取り組みについて農商工連携や６次産業化等実践例を紹介する書籍はあるが、理論と実践の橋渡しをする書籍は少ない。農業法人がどのようなマーケティング活動を行っているか、またその成功要因は何かといった実践課題について解説している書籍は多い。このような解説に基づいて自法人が同じような取り組みをすればうまくいくかというと、条件が異なるのでそう簡単ではない。農業法人の実態を精査し、その特徴や課題を抽出するものはみられるが、戦略構築の面から整理した議論は数少ない。

特に、個別戦略の策定においては、まずは生産戦略・マーケティング戦略を検討しなければならない。このうち、生産戦略については、生産性・品質向上や農業リスクマネジメント、ロボットやICTを活用したスマート農業など行政との協調のもとで継続的に取り組まれている。一方で、マーケティング戦略については、農業協同組合や卸売市場に頼っている面が強いとみられる。市場流通は、安定性・頑健性には優れているが、硬直的な面もある。

本書は、農業法人の自主性・主体性をいかしうるマーケティング戦略を策定するためのヒントを提供する。各々の農業法人が、自らの全社戦略・ビジョンや特性に応じたマーケティング戦略を構築することに役立つことを意図している。優良事例に登場してくるような卓越した人材に頼らないでマーケティング戦略を構築することは可能である。こうすればうまくいくという万能の戦略はないが、農業法人は自らの主体的な意向に基づいて、マーケティング戦略を構築し事業に取り組んでいくことは可能である。

流通システム論から食品の流れをみると、その構成要素は、商流・物流・情報流である。本書では、商流の面からは、農業法人がどのような事業に取り組むかを議論する。物流の面からは、農業法人がどの販売チャネルを活用するかを議論する。情報流の面からは、農業法人がインターネットをはじめとするITをどのように活用するかを議論する。

注意すべきは、これら取り組み事業の選択、チャネルの選択、インターネット活用は相互に関連していること、すなわちシステムとしてとらえることを意識しなければならないことである。たとえば、どの取り組み事業を選択するかによって、販売チャネルの選択やインターネット活用は規定される。

このように、システム思考を用いて、マーケティング戦略を策定するためのヒントを提示したい。

本書は、３編10章からなる。「Ⅰ　概念編　第１章～第４章」では、経営戦略に関する概念を整理する。第１章では、経営戦略の全体像として全社戦略と個別戦略とは何かを説明する。第２章では、個別戦略としての事業戦略について、競争戦略や協調戦略等の考え方や作成のための分析方法の変遷を整理する。第３章では、個別戦略としてのマーケティング戦略について、これまでの議論を整理するとともに、その要素として、取り組み事業の選択、販売チャネルの選択、インターネット活用が重要であることを示す。第４章では、農業法人におけるマーケティング戦略の要素の特徴を整理する。「Ⅱ　思考編　第５章～第６章」では、個別戦略を検討するための思考法を提示する。第５章では、変革意識と競争意識の視点からポジション思考を説明する。第６章では、構成要素とそれらの関係に着目するシステム思考を説明する。「Ⅲ　戦略作成編　第７章～第10章」では、個別戦略を作成するにあたってのヒントを提示する。第７章では、現在と今後の視点から見た農業法人の事業取り組みのパターンを分類・整理する。第８章では、ポジション思考とシステム思考を用いた事業戦略作成のヒントを提供する。第９章では、マーケティング戦略を作成するときの基本事項を整理する。第10章では、ポジション思考とシステム思考を用いたマーケティング戦略作成のヒントを提供する。すでに経営戦略についての知見を有する読者は、Ⅱ　思考編から読み進めることを推奨する。

本書は、農業法人で経営戦略作成に関係する方々を読者対象としている。また、法人化を目指す農家、農業へ新規参入を考えている企業にも役に立つことを期待している。さらには、農業法人で働きたいと考えている方々にも有益な情報を提供しうる。サッカーや野球が浸透・発展してきた背景には、プレーに参加する選手や監督に加えて、試合や練習の場で応援する人々（サポーター）の存在がある。本書は、戦略作成に役立つ思考法を提示することで、農業法人の発展を戦略検討の面から応援するものである。

最後に、本書の出版にあたってたいへんお世話になった筑波書房の鶴見治彦氏に心から厚くお礼申し上げたい。

目　次

序

経営戦略の必要性

〈メンバーの結集〉

経営戦略とは、組織（農業法人）がどの方向に向かって進むかを示すものである。組織には２人以上のメンバーがいるので、成果をあげていくためには、その目指すべき方向を明確にしてメンバーの力を結集しなければならない。この方向が明確でないと、メンバーはそれぞれがバラバラの方向に向かって努力することとなり、組織として本来得られるべき成果を得られない。そもそもひとつの組織として活動する必要もない。

経営戦略といえば、ともすれば成功した大企業を中心にその成功要因を明らかにするといった観点から議論されることが多い。たしかに大企業はその社員数が多く売上規模も大きいことから経営戦略の必要性は大きいといえる。それでも、多くの農業法人を含む中小規模の法人においても、その規模拡大を目指す過程においては、成長を実現するため経営戦略の果たす役割は大きい。証明は困難であるが、経営戦略のある法人とない法人を比べれば、前者法人のほうでは、成果をだしているかどうかの判断が可能であり、また実際成果をだしているのではないだろうか。

「自法人は規模が小さく、メンバー間で法人の方向性に関するコミュニケーションはスムーズである」という農業法人は多いであろう。もし、当該法人が、安定性を志向するならば、経営戦略を構築する必要性は小さい。しかし、もし、当該法人が、成長性を志向するならば、その成長とはどのようなものか、どのようにして達成するのか、をメンバー間で共有する必要があるので、経営戦略を構築する必要性は大きい。また成長して規模が拡大すれば、人的資源は充実し、多様なメンバー間で経営戦略を共有する必要性はさらに高まる。

〈個別戦略の必要性〉

経営戦略は、全社戦略と個別戦略に分けられる。全社戦略とは、組織全体の方向を示すものであり、個別戦略とは、組織が取り組む事業の方向を示すものである。全社戦略は、理念やビジョンともいわれ、その組織が何を実現したいのか、あるいは達成したいのかに関するものである。個別戦略は、全社戦略を達成するために、どのような事業に取り組みどのように発展させるかを示すものである。個別戦略には事業戦略による分け方と業務戦略による分け方がある。事業戦略による分け方ではコスト面と収入面でまとまりのある一連の事業ごとに戦略を作成する。業務戦略による分け方では、法人活動としての生産、加工、販売、サービスなどにおける業務、たとえば生産やマーケティング、財務、人事などに分けて戦略を作成する。

一般論として、全社戦略があって個別戦略がある。全社戦略は、組織全体の方向性を概念的・普遍的に示すものであり、個別戦略は、組織内での各事業や各業務の発展方向を示すものである。当然のことながら、個別戦略は、実現しなければ意味がないので、ここには実効性が備わっていなければならない。すなわち、実効性を意識した個別戦略を構築する必要がある。

業務戦略のひとつである生産戦略については、行政や農業協同組合との連携のもとで、気象条件等の変化に臨機応変に対応できる仕組みや体制が整えられてきている。ほとんどの農業法人は、生産を担っているので、どのような作物をどのように生産するか等に関する生産戦略を重要と考える。たとえば、限られた生産資源をどのように活用するか、気象条件や土地条件にいかに適合させるか、を重要な課題と認識している。

生産戦略に関しては、行政や農業協同組合等との連携・指導のもとで推進され蓄積が多く、本書の範囲外としているので当該テーマについては他書を参考にされたい。

〈マーケティング戦略の必要性〉

青果流通を歴史的にみれば、家族経営体（農家）が生産担い手の太宗を形成していた時代には、農業協同組合（JA）等集出荷団体が産地を束ね、そこで太い流れとして消費地にある卸売市場まで運び、さらにそこで小売業へ分荷するという流れが合理的であった。すなわち、生産⇒産地卸売業（農業協同組合を含む集出荷団体）⇒消費地卸売業⇒小売業、という流れである。青果物は生活の基盤をなすので、我々の生活にとってなくてはならないものである。したがって、安定した需要があることから、農家は生産に専念し、マーケティングについて考える必要はなかった。しかし、農家の後継者不足・高齢化によって、その生産力が弱体化してきたことで、農業法人に対する要請が高まってきた。一方で、小売業は大規模化してきた。また農業法人の生産規模が大きくなれば、これらと消費地卸売業や小売業とが直接取引することは社会合理性に適合している。このように、生産に専念する農業法人だけではなく、加工・直販等複数事業にも取り組む農業法人が登場するようになった。後者の農業法人は、売上を拡大しようとすれば、必然的にマーケティング分野で競争することになる。

マーケティング戦略については、JAや卸売市場への出荷をメインにする農業法人にあっては、それほど意識してこなかったと思われる。しかしながら、加工品を含めた実需者販売や直売所販売、ネット通販、観光農園、農家レストラン、農家民宿等へ取り組んでいる農業法人は、顧客を意識した販売をしなければならない。特に、規模の大きい農業法人にあっては、事業活動の結果として大きな売上を確保する必要があるので、その継続的安定性を確保するためにも、マーケティング（いかにして売るか）に力を入れざるをえない。このような状況は、大規模な農家にもあてはまる。

〈流通チャネルの重要性〉

日本は成熟した高齢社会であり、また人口減少社会となっている。したがって、今後食品の量的需要が増えていくとは考えにくい。もし、合計特殊出生率が上昇基調へ転換したとしても、それが食品の量的需要に影響するまでには、転換時からさらに10年はかかるだろう。当面、生鮮農産物や加工食品の量的需要は横ばいあるいは緩やかに減少していくので、供給サイドにおける生産物差別化を意識した競争は激しくなる。農産物・食品の輸出が増大してきているといわれているが、この状況は輸出先や為替の影響を受けざるをえない。供給サイドは、これまで以上に消費者のニーズにマッチした生産を意識しないといけない。すなわち、消費者の食ライフスタイルの変化を見据えたマーケティングにも力を入れるべきである。マーケティングミックスの考え方では、生産物・価格・販売促進・流通経路について検討する必要があるといわれているが、農業法人にとっては、特に流通経路を意識する必要がある。

〈戦略思考の導入〉

政策面では、農商工連携や６次産業化という方針のもとで、担い手支援が行われているが、これらでは食品メーカーや小売企業等との協調に基づくウィンウィンの関係を意識した戦略が強調されている。加えて、個々の農業法人は、自らの特性を活かして、他の農業法人や食品メーカー、食品小売業、食品サービス業との競争を意識した戦略を構築する必要がある。

一般的に、競争戦略の内容は、個々の法人の特性によって異なる。他の法人の競争戦略を模倣するとしても、法人間ギャップが存在するので、全く同じではうまくいかない。最終的には、競争戦略は個々の法人が独自に構築しなければならない。ただし、そこには一定の考え方や条件・法則がある。これまでの競争戦略論では、この考え方等について議論されてきた。自法人の競争戦略は、この考え方等に基づいて、自らの特性を入れ込んで構築せざるをえない。自法人にふさわしい競争戦略が自動的・一意的に決定されるわけではない。一方で自法人の特性を詳細に分析したからといって競争戦略が決定されるわけでもない。それでも、自法人の特性分析に基づいて競争戦略を構築するプロセスを経ることで、自法人の特性をあらためて認識することや修正することにつながる。

I　概念編

第 1 章

全社戦略

全社戦略を含む経営戦略の全体像を概説する。経営戦略は全社戦略と個別戦略に分類される。全社戦略は、ビジョン、理念、ミッションともいわれる。

全社戦略を受けて作成される個別戦略は、事業戦略あるいは業務戦略として検討され、マーケティング戦略は、生産戦略や財務戦略、人材戦略などとともに業務戦略に該当する。

1.1　経営戦略

（1）経営戦略の一般的な定義

「経営戦略」は、さまざまな場面で登場するのでよく目にする言葉である。企業の紹介パンフレットに記載されているし、ホームページを閲覧すると、多くの場合トップページで代表者の思いとか組織・団体の理念などとして記載され公表されている。法人の自己紹介ともいえよう。企業のステークホルダーをはじめとする外部者からすれば、これによって、組織・団体の性格や特徴を知ることができる。内部者からすれば、業務遂行の指針や規範、アクションプランのよりどころとして機能する。このように重要な役割を果たしているにもかかわらず、それがどのようにして作成されているのか、あるいはどのようにして作成すべきかについては、ブラックボックスになりがちである。実際に事業がうまくいっているので、作成方法や作成背景にこだわらなくてもよいのではないか、あるいはあたりさわりのない内容でよいのではないかといった意見もあるだろう。明確な経営戦略があれば、企業は成長するとはいえないが、成長した企業には明確な経営戦略がある。

他企業と初めて取り引きする、あるいは業務提携する場合においては、お互いに相手先企業についての知識をあまり持っていない。そこで、往々にして、知り合いであったり、知り合いに紹介してもらったりというように、属人的な選択をしがちである。これはこれで一定の成果を得ることはできるだろうが、より大きな飛躍を求めるのであれば、能動的に選択していくことが有効である。能動的に選択していくということは、自らの考えに基づいた判断基準で選択していくということである。自らの考えに基づいて関係を築くかどうかの判断をするためにはどうしたらよいか。何を判断基準にすればよいか。たとえば、与信情報を判断基準とすることもひとつの方法であろう。加えて、この判断基準のひとつとして、相手先企業の経営理念（経営戦略の中でも、基本的な考え方や方向性を表すもの）に共感できること、また相手先企業が自企業の経営理念に共感できることがあげられる。経営理念に共感できれば、細かな条件のすり合わせをスムーズに進めることができるし、その後、困難な状況が生じても関係性を安定的に継続していくことができる。

経営戦略と同義的な言葉として、企業戦略やビジョン、経営目標が使われることもある。経営戦略論は、学術的には経営学の一分野として研究されてきており、経営戦略は企業経営の実践面で用いられることが多い。ここで、一般的にいわれている経営戦略のフレームについて紹介する[1)]。経営戦略の定義として、「環境適応のパターン（企業と環境とのかかわり方）を将来志向的に示す構想であり、企業内の人々の意思決定の指針となるもの」としている。経営戦略を主体関係軸、時間軸、役割軸の観点から表現している。経営戦略のフレームとして、どの程度の期間、詳しさ、明確さを持った経営戦略が企業にとって望ましいかについて明確な結論は得られていない。経営戦略で決める項目として、ドメインの定義、資源展開の決定、競争戦略の決定、事業システムの決定、があげられる。

ドメインの定義とは、事業分野のリストを決めること、あるいは包括的な事業コンセプトを示すことである。たとえば、食品メーカーであれば、「健康増進産業」や「食卓快適産業」といった事業コンセプトで表現される場合がある。農業法人の場合、農産物生産に加えて、加工や直接販売などに取り組むかどうかを決めることである。

資源展開の決定とは、ヒト・モノ・カネ・情報といった経営資源をどのように蓄積し、またどのように各事業分野へ配分していくかを決めることである。農業法人の場合、労働集約型の作業であれば、経営資源としてのヒトの重要性は高い。生産の場面では、人手不足への対応としてスマート農業への取り組みが活発になっている。販売の場面では、経営資源としてのヒト・モノ・カネ・情報の重要性は高いと考えられるが、食品メーカーや食品スーパーと比べると、いずれの項目においても組織能力や規模の面で相対的に弱いといわざるをえない。

競争戦略とは、いかにして競争優位を確立するかを決めることである。農業法人の場合、それぞれの産地固有の農産物を生産していることが競争優位の源泉である。生食品であれば、色・形・糖度などで差別化できるし、ソフト面ではその土地固有の歴史・伝統・文化などでも差別化できる。一方で、加工食品であれば、生食品と比べて、競合相手が多く、かつ技術力が平準化するため差別化しにくい。保存期間を長くとることができるという販売面でのメリットもある。

事業システムの決定とは、他の組織体（政府、競合相手、供給業者、流通業者など）とどのような交換関係を確立するかを決めることである。農業法人の場合、生産の場面では、行政やJA（農業協同組合）からの指導を受けることや集落営農や農作業受託での協調関係がみられる。一方、経営資源の制約もあって、加工や販売、サービス事業においては協調関係を構築しにくい。

企業は成長すれば、売上や従業員が増えることで、その機能（部署）は分化していく。したがって、経営戦略として、全社的なものと個別機能（部署）のもの、両方が必要となる。本書では、経営戦略を、全社戦略と、当該戦略に従う生産戦略、マーケティング戦略、財務戦略、人事戦略等機能別戦略の２つの階層で捉えている。ただし、中小規模の農業法人においては、経営戦略の考え方として、階層的ではなく、財務戦略をベースとして経営改善策を中心とした経営戦略を検討していくことが可能である[2)]。

（2）全社戦略と個別戦略

経営戦略とは、組織や団体の方向性を示すものである。経営戦略を表明することで法人の関係者に対する責任を果たすことにつながる。

一般的に、経営戦略は、全社戦略と業務別戦略に分けられる。多くの農業法人においては、規模がそれほど大きくないので、業務は明確に分かれていない。たとえば、生産とマーケティングを兼任している部署が存在したりする。このような場合、業務別戦略を検討しにくい。また、経営管理を戦略的マネジメントと戦術的マネジメントに分類し、戦略的マネジメントとして、経営の使命・目的・方針・目標の決定に加えて、生産方針決定、販売方針決定、資金調達方針決定などを含めて定義する場合がある[3)]。

一般的に、戦略分析では、事業戦略という概念が用いられる。これは、たとえば海外事業部と国内事業部、あるいは法人事業部と消費者事業部、北海道事業部と関東事業部といった事業部制を展開している大企業で用いられる場合が多い。農業法人であれば、たとえば、米事業部と野菜事業部、あるいは生鮮農産物事業部と加工食品事業部に分けることが可能である。

本書では、企業全体を対象として作成される戦略を全社戦略、個別戦略として、事業単位で作成される戦略を事業戦略、業務単位で作成される戦略を業務戦略と呼ぶ。事業単位とは、農業法人が取り組んでいる事業による分類のことであり、生産事業、加工事業、観光事業、レストラン事業などを指す。あるいは、多様な事業に取り組んでいない場合、取り扱っている農産物の種類で分類することも可能である。そして、これら事業で行われる業務としての実需者販売、直売所販売、観光サービス、通信販売、レストランサービスなどで必要となる顧客開拓、顧客対応や顧客関係に関する戦略をマーケティング戦略という。すなわち、個別戦略は、その分類方法として、事業で分ける方法と業務で分ける方法があり、これらのマトリックスで表現される。

全社の目標や目的が全社戦略とすれば、それを達成するために事業があるので、個別戦略は全社戦略の達成のための手段と考えることもできる。この場合、個別戦略は全社戦略による制約を受ける。全社戦略は、概念的・理念的なものであり、比較的長期にわたって適用されるものである。ただし、たとえば、トップや組織体制が変わるときには、変更される場合がある。個別戦略は、外部環境や内部環境の変化によって影響を受けるので、一般的に中長期的個別戦略と短期的（単年度）個別戦略にわけて作成する。本書で検討対象とする個別戦略は、おもに中長期的個別戦略を指す。

農業関連では、JAグループが、３年に一度全国各地のJAの代表者が集まり、JAグループの目指す方向等を決定する「JA全国大会」を開催している。たとえば、第29回JA全国大会では、持続可能な農業の実現、豊かでくらしやすい地域共生社会の実現、協同組合としての役割発揮をJAグループの10年後の目指す姿としている。また持続可能な農業の実現では、消費者や実需者のニーズに応えることをうたっていることから、マーケティングに対する意識は高いと思われる。一方で、JA組合員である農家や農業法人はJA出荷をメインとすれば、自らがマーケティング活動を行う必要性、ひいてはマーケティング戦略を作成する必要性は小さいといえる。しかしながら、もし農業法人が自立した主体として自らの意思と意欲で事業を継続していきたいと考えるのであれば、独自のマーケティング戦略を作成する必要性は高いといえよう。６次産業化や農商工連携に取り組む農業法人が、生鮮品や加工食品を取り扱い、JAや実需者、消費者へ販売するならば、成長性や継続性を意識した独自の戦略を持つ必要がある。

（3）経営戦略の例示

農業法人の事業に対する取り組みは多様化してきているが、これまで、全社戦略と個別戦略の分類を意識した文献は少ない。個別事例ごとに、実践面から成功要因や成長要因について事例分析している文献は多いが、その中で、戦略論に着目して体系的に整理している文献は少ない。このため、属人的・

属地的な成功事例を自法人に応用しようとすると困難を伴う。

以下に、経営戦略を整理しているいくつかの事例を示す。たとえば、30の農業法人数に対するヒアリングデータに基づき、農業法人を「目指す方向」(地域・コミュニティ志向かビジネス志向か）と「顧客」(企業・農業グループか消費者か）の2軸からタイプ分類をしている[4)]。留意点として、「農業法人の事業の目指す方向性を大胆に分類したものであり、それぞれの軸は本来クロスすべきものである。したがって、実際の農業法人経営はこれらの方向性のいくつかの組み合わせである」と述べられている。そして、農業法人をその特性で分類することは容易ではないとしている。それでも、経営戦略の観点からみると、地域・コミュニティ志向とビジネス志向は相反するものではなく、両方追求すべきものであり、全社戦略に含まれる課題であろう。地域・コミュニティ志向に対峙するのはグローバル志向であり、ビジネス志向は法人経営であれば当然必要となる項目である。地域・コミュニティ志向の要素として示されている「相互扶助の実現」、「持続可能な農村」、「ふるさとの保全」、「農業の多面的機能の発揮」は、全社戦略に位置付けられる。また、販売先が企業・農業グループ主体か、消費者主体か、については、マーケティング戦略に含まれる課題である。販売チャネルにおいて、中間流通業者を経由するか、しないかの違いである。全社戦略の具体例は次のとおりである。

木之内農園：

(社訓)「地球的視野に立ち一粒の種子をまく　仕事にほれ仕事を楽しもう　危機はチャンス　人並みなら人並み　人並み外れな外れん　右手に夢を左手にそろばんを持て」

神林カントリー園：

「長男として農業継承しようという漠然とした想い」

安達農園：

「長男でいずれは農業を継ごうと漠然と考えていた」

伊豆沼農産：

「いずれは家を継ぐつもりだった。志高く、ユニークな農業を夢見ていた」

永井農場：

「生活者感覚とマーケティングのセンスを持ち農業を楽しみたい」

ブロメリア・ギフ：

「常に新しいモノ、No.1を目指している」

ジェイ・ウィングファーム：

「あえて戦後農業の効率・商業化の流れに逆行するスタンスをとる」

グリンリーフ：

「自分で生産したものを自分で価格をつけて、自分で売ること、また、自宅用の野菜と同様に農薬を使わない生産を行うことなどを目指す」

ぶった農産：

（経営の目的）「お客さま（地元生活者・お得意様）の生活価値を向上させること」

梶岡牧場：

（スローガン）「自然を食す！」「素材の向こうに牧場（畑）が見える。牧場の向こうに人が見える」

たとえば、農業法人の事業拡大の経営イメージとして、作目づくりによる生産基盤の充実⇒事業づくりによる事業拡大⇒投資による企業価値の拡大、があげられている[5)]。この道筋は個別の農業法人ごとに異なり、この道筋をどのように構築していくかが課題であるとしている。

たとえば、7つの農業法人に対する調査に基づいて、そのビジネスを体系的に、すなわち全社戦略に該当するビジョン、個別戦略に該当する成長戦略を整理している[6)]。ただし、ビジョンには、社訓、社是、経営理念などが用いられており、個別戦略には、具体的なものとそうでないものがある。具体事例は次のとおりである。

鈴生：

（社訓）「おいしさを求めて」。お客様が口にしたとき、野菜に真剣に向き合う作り手の顔が浮かんでくるのがおいしい野菜。

「100人の社長をつくる」、種苗〜野菜栽培〜加工〜消費者まで届けるストーリーを一気通貫。

サラダボウル：

「農業を地域に価値ある産業にし、働く人も幸せで、おいしいものを食べたときに広がる笑顔あふれる食の風景を生み出す」ことを目指す。

誰かと争い何かを奪って大きくなるのではなく、自ら価値を作り、必然として成長。

舞台ファーム：

（社是）赤ちゃんが食べても安全で安心な生産物を農場から食卓へ。

人材育成（社長の補佐人材＋社長自身）、横ぐし組織のMO本部、フランチャイズで食卓全体をカバーするサプライチェーンの実現。

こと京都：

（経営理念）自然に感謝し食の大切さを守り農業を発展させる。人に感謝し、社員とその家族が幸福に生活できる企業にする。すべてに感謝しかかわった人、地域に選ばれる企業を目指す。社会に貢献するため心豊かに仕事をする。

冷凍京野菜事業への参入による九条ネギや京野菜の消費拡大、伝統野菜の掘り起こし＋冷凍技術＝世の中へ広げる。

六星：

「コミュニケーション精神」を掲げ、コミュニケーションを通じてお客様との信頼関係を築いていく。

地域の農業者などとの連携、産業が発展する過程で規模の大きな数社が引っ張り、活性化すること。

早和果樹園：

（社是）「にっぽんのおいしいみかんに会いましょう」

みかんの深堀り、新たな種苗を開発。

野菜くらぶ：

（経営理念）「感動農業・人づくり・土づくり」。

　集出荷センターの新設、お客様の要望に寄り添いながら生産を永続できる
　仕組みの構築。

　農業法人は、「六次産業化法」や「農商工連携促進法」による支援をきっかけとして、新たな事業に取り組む場合がある。このような場合では、自らの全社戦略や個別戦略のもとで取り組むこととなる[7)]。以下に事例を紹介する。

弓削牧場：
　「牧場からの新しい文化の発信」「チーズ食文化の発信」
　酪農をベースに資源・もの・ひとの有機的なつながりを大切にし、消費者
　や地域と共に歩んでいく。

グリーン日吉：
　（経営目標）「地域の資源である農産物及び農産加工品を消費者に、食の「安
　全・安心」にこだわり、原料の産地、生産過程が見える商品作りに努める」
　黒豆、大納言、壬生菜の付加価値を高める加工事業、遊休農地の有効活用
　による農業経営および担い手や後継者不足に対応するために、農作業の受
　託事業をおこない農業の振興発展に貢献する。

武田屋：
　（経営の真髄）「量、省力、高水準の価格安定、自己完結」

トーホー：
　（経営理念）「食を通して社会に貢献する、健康で潤いのある食文化に貢献
　する」

新家青果：
　（スローガン）「淡路島のたまねぎを守ろう」
　世界に通用する淡路島たまねぎのブランディング。

池田牧場：
　（経営理念）「農業者の言葉を伝えたい」
　実行すること、実行した後に困難の壁が立ちはだかりそれを解決していく。

大山乳業：

（経営理念）「酪農家自らが生産し製造する。こうして得られた製品を農民自らが責任をもつ」

活動規範として、安定生産、安定供給、安定消費、安心・安全。

（4）農業の担い手と経営戦略

本書では、農業法人の経営戦略を対象とするが、農業の担い手には、法人以外にも、農家、地域的な農家グループ、広域的な農家グループなど様々存在する。たとえば、地域的な農家グループとして、集落営農組織がある。これは1970年代に登場し、法人化している場合もある。広域的な農家グループとして、ネットワーク型農業経営組織に関する議論があり、チェーン方式によるグループ化事例が登場した[8)]。

以下では、農業法人以外の担い手について、経営戦略の必要性を見ていく。ここで、全社戦略については、それぞれの担い手が農業に対して抱いている考えや思いがあるので、明示されているかどうかは別として、必ず存在すると考えることができる。たとえば、農業は自然条件や気象条件に大きく左右されるので、これに柔軟に対応していけばよいという自然体の考え方もあるだろう。あるいは、品種改良によって新しい農産物が開発されたとしても、それが市場に受け入れられるようになるまでに長い年月を要するということもある。それでも、可能であれば、ここに自らの意思や熱意を反映したいものである。

そこで、まず業務戦略のひとつである生産戦略について考察する。生産規模の小さい農家では、自らが管理できる範囲内で生産が行われる。ここでは、生産と出荷における安定性の維持が生産戦略となる。生産規模の大きい農家では、それを管理するための生産戦略が必要である。一般的にひとりの人間が管理できる範囲（作業メンバーや耕地）には限界があるので、ある一定以上の生産規模に達した場合、農業生産を継続するため組織的対応が求められることから法人化することが望ましい。あるいは、将来的に法人化を目指す場合においても、生産戦略を構築しておくことが望ましい。

地域的な農家グループや広域的な農家グループは、もともと同じ志を持つ有志が集まっている。たとえば、農薬や化学肥料等の使用に関して共通のルールを持っている場合が多い。したがって、共通の生産方法と緩やかな組織規範のもとで、生産戦略を構築することになると考えられる。あるいは、実需者との契約栽培において、出荷先である実需者があらかじめ生産方法を指定している場合、それに沿って生産することから、短期的な生産計画の必要性は大きいが、独自に作成する生産戦略の必要性は小さい。

今後、スマート農業の開発・普及によって、生産現場においてロボットやAIの果たす役割が大きくなるとすれば、このような技術開発を利用して規模拡大に対応しうる生産戦略を構築することが可能になる。

次に、加工戦略や販売戦略について考察する。生産規模の小さい農家では、近くのJAの集荷場や倉庫・加工場に出荷する、あるいは近くの直売場で販売することが多い。いずれにしても、農家は収穫した分だけ出荷する、あるいは自家消費するという形態になるので、マーケティング戦略を作成する必要性は小さい。

生産規模の大きい農家や地域的な農家グループでは、安定した収入を得るため、大量の収穫物を適切に・計画的に販売していくことが重要である。生食用だけでなく自らが加工することに取り組む場合もある。また市場流通だけではなく、市場外流通も視野に入れた販売戦略が有効となる場合がある。直接販売においては、事業者（実需者）向けや消費者向けを選択することができる。事業者向けでは、小売業者、カット加工業者、生活協同組合、食品メーカー、外食事業者、中食事業者など様々ある。このような販売先の選択肢が多様に存在する状況ではあるが、人的販売を能動的に行うことは困難であるので、販売戦略は販売先主導型となる。消費者向けでは、直売所、観光農園、通信販売などの形態を利用できる。生産規模が中程度の農家が、栽培方法にとらわれず生産し、自ら販売価格や販売先を決めて出荷するための流通チャネルの仕組みを提供する企業が存在する。生産規模が中程度以上の農家の場合、多様な選択肢が存在する中で、どのように選択していけばよいのか、これを決めるためのマーケティング戦略が必要である。

広域的な農家グループでは、それをまとめる組織・団体（農業法人、食品メーカー、外食企業、生協など）が存在する。また、契約栽培においては、販売先はあらかじめ決まっており、その販売先が指定する栽培基準を順守して生産することが求められる。このような場合、まとめる組織・団体が販売機能を有するので、農家グループ側におけるマーケティング戦略の必要性は小さい。

前述以外に、農業の担い手には、一般企業の農業参入によって設立された農業法人が含まれる。このような農業法人の経営戦略は、資本や人材の面で母体となる企業による影響を受けざるをえない。農業参入の目的において、食品製造業・食品卸売業は、原材料・商品の確保と商品の高付加価値化・差別化による有利販売を目指している。建設業、その他では経営の多角化や雇用対策を目指している[9)]。

（５）農業法人のグループ化と経営戦略

農業法人の規模の拡大や事業取り組みの多様化に伴い、複数の法人がグループ化して事業を推進していく形態が登場している。ここでは、中心となる農業法人が、事業拡大とともに別の法人を立ち上げることでグループ企業を増やしていく形態（グループ一体型）と、複数の農業法人が連携してひとつのグループとして活動していく形態（グループ連携型）がある。グループ一体型ではグループで経営戦略を共有するが、グループ連携型ではそれぞれの農業法人は、独自の経営戦略を持つ。なお、一般論として、流通業やサービス業におけるチェーン方式には、同一資本による配販統合であるレギュラーチェーン、異なる資本による配販統合であるボランタリーチェーン（メンバーが本部を設立する)、フランチャイズチェーン(本部がメンバーを募集する)の３つがある。グループ一体型はフランチャイズチェーン、グループ連携型はボランタリーチェーンの一形態に該当する。

グループ一体型農業法人は、グループ内法人数の増大とともに、グループ内法人の事業が専門化・分化するので、当該法人は専門化した事業戦略あるいは業務戦略を作成する必要が生じる。すなわち、グループ内のリーダー法人に全社戦略があり、たとえば、生産を担う法人では生産戦略、販売を担う法人ではマーケティング戦略、加工を担う法人では製造・加工戦略が必要となる。以下、具体事例を見ていく。

和郷園では、経営理念として「農業を魅力ある産業に変え、次の世代へ。食を通じて、豊かな未来を創造します」としている[10)]。同法人には販売事業部、加工事業部、環境事業部、海外事業部、ナレッジバンク事業部がある。販売事業部では「和郷園の生産者を中心に全国の産地と協力をして新たな流通ネットワークの構築を行っています。GAPの取り組みを推奨し安全・安心な農作物の供給と持続可能な農業に貢献します」と表明している。同法人グループ内の企業は、青果・花等の卸、野菜の冷凍加工・ドライ加工・カット加工、農産加工の企画開発・販売、農業コンサルティングなどを行っている。

無茶々園では、経営理念として「無茶々園は環境破壊を伴わず、健康で安全な食べ物の生産を通して真のエコロジカルライフを求め、町作りを目指す運動体です」としている[11)]。組織には、農業生産、企画販売、地域があり、それぞれを担う法人がある。

ホーブでは、創設者のメッセージとして「バイオテクノロジー技術（現在では「組織培養技術」に区別）を実際の農業に活かすことで、北海道農業を活性化する一助を担いたいという強い思い」があるとしている[12)]。事業としては、種苗事業、青果卸事業、馬鈴薯事業、運送事業がある。運送事業を担う子会社がある。

新福青果では「私たちは、家族が笑顔であふれた食卓と健康づくりのお手伝いができることを願っています」としており、これが経営理念と思われる[13)]。また、大手量販店や外食チェーン等との安定取引のため、生産体制では、フランチャイズ方式で農場と契約しており、当該法人は本部として機能している。ここで、契約農家からロイヤリティを徴収していないとのことである[14]。

茨城白菜栽培組合では「他の農業と比べても、他の産業と比べても、決して見劣りのしない農業生産法人を目指しています」としており、これが経営理念と思われる[15]。また、漬物メーカーや量販店、外食チェーン等との安定取引のため、生産体制では、フランチャイズ方式で生産者と契約しており、当該法人は本部として機能している[16]。

1.2　全社戦略

（1）全社戦略の内容

経営戦略では、ドメインの定義、資源展開の決定、競争戦略の決定、事業システムの決定が項目としてあげられている。このうち、競争戦略の決定は、事業戦略で検討されるべきものである。全社戦略では、ドメインの定義と資源展開の決定、事業システムの決定を明記する。たとえば、1.1（3）で示した事例を見ると、資源展開の決定で「人づくり」に重きを置いている事例がある。たとえば、「鈴生：100人の社長をつくる」「舞台ファーム：人材育成（社長の補佐人材＋社長自身）」「野菜くらぶ：感動農業・人づくり・土づくり」である。

一口に全社戦略といっても、さまざまなイメージや言葉が思い浮かぶ。ビジョンとは、未来像、最高の公共的未来像を指すとの見解がある[17]。ミッションとは、使命、達成すべき取り組みを指す。達成すべき取り組みを強調したミッションは、個別戦略と読み替えることが可能である。コンセプトとは、実行原理、取り組みのための新しい実行原理を指す。バリューとは、価値基準、あるいは取り組みにおいて優先すべき評価基準を指す。アイデンティティとは、自己規定、あるべき自己像を指す。また、ビジョンの性質として、「自らが心から達成したいと願う未来像。「公共の夢」として人々を巻き込む力。未来への洞察と自らの信念の上につくられる」があるとしている。

農業は、もともと地域に根差しており、地域の歴史・伝統・文化などと密接な関係にあることは当然である。電気メーカーや食品メーカー、小売企業等民間企業においては、企業の社会的責任（CSR）ということばで、地域貢献・地域連携の重要性が指摘されることが多い。たとえば、企業が地域の祭りや伝統行事、環境保全に参画すること、あるいは地球環境保全や地域振興に貢献することが重要であるとの認識は高まっている。

農業法人は、立脚している地域との密接な関係を活かして、できれば地域の発展を先導していくことが期待される。このためには、全社戦略としてのビジョンにこの考えを盛り込むことが出発点となる。1.1（3）で示した事例を見ると、「サラダボウル：農業を地域に価値ある産業に」「こと京都：伝統野菜の掘り起こし」「六星：地域の農業者などとの連携」「新家青果：淡路島のたまねぎを守ろう」「無茶々園：町作りを目指す運動体です」「ホープ：北海道農業を活性化する一助」が該当する。

（2）全社戦略の作成

全社戦略は、概念的・理念的なものであり、トップの意向が反映される場合が多い。企業が設立された時点では、その設立趣意と同一内容となるが、場合によっては、企業規模が大きくなって、メンバーの意見を取り入れて作成するという方法が採用される場合もある。

トップの意向で作成されるのは、規模が小さい場合である。メンバー間の意思疎通が活発に行われているので、その中で、積み上げていくことが一般的である。

メンバーの意見を取り入れて作成する場合は、そのための横断的組織を構築し、そこが主体となってメンバーの意見を集約したり、メンバーに情報を提供したりする。横断的組織は、SWOT（内部・外部環境）分析やBSC（バランススコアカード）分析などに基づいて、より客観性・説得性のある全社戦略を作成しようとする。ただし、このような分析の結果として全社戦略が、自動的に導出されるということではなく、一定の戦略的な意思決定も行わなければならない。

設立後あまり時間を経ていない農業法人の場合には、そのトップの個人的な思いや意向がそのまま全社戦略となる。「何を実現したくて農業法人を設立したのか」が明文化されればそれがそのまま全社戦略となる。より具体的には、次の問いについて答えることである[18)]。すなわち、なぜ経営がやりたいか、社員にとってどのような会社を作りたいか、顧客に対してどのような姿勢でありたいか、地域・社会・環境に対してどのような姿勢でありたいか、自分の価値観・人生観で大切なことは何か、自社だからできる固有の役割は何か、である。

農業法人が成長して、トップの交代や経営組織の拡充があった場合、単なるトップの個人的な思いや意向だけではなく、より広い視点から全社戦略を構築する必要が生じる。この場合には、法人内組織に戦略部（多くの場合企画部）を設け、そこが事務局となって、横断的組織を立ち上げ、時間をかけて全社戦略を作成することとなる。

（３）PPM（Products Portfolio Management）

短期的観点から、全社戦略として、複数の事業にどのように経営資源を配分していけばよいのかに関する分析方法として、PPM（Products Portfolio Management）がある。ボストン・コンサルティング・グループが開発したもので、経営資源の適正配分を目的としたものである。市場規模と業界内における競争上の地位を軸としたマトリックスで自社の事業のポジションを考え、投資の優先順位決定を行おうとするものである。

資金配分で配慮すべき軸として、市場の成長率と相対的マーケットシェアの２つの軸を取り上げ、検討する。

第１段階では、主要事業を識別し戦略的事業単位（SBU、Strategic Business Unit）を明確にする。SBUは、単一事業であること、明確な目標を持っていること、独立した競合者がいること、などの条件を満たすものとして設定する。たとえば、SBUとして米事業と野菜事業に分ける場合や生鮮

図1-1　PPMのイメージ

品事業と加工食品事業に分ける場合がある。

第２段階では、これらSBUを市場の成長率と相対的マーケットシェアの２つの軸で構成されるマトリックス上に位置付ける（**図1-1**）。

・花形商品：利益率は高く資金流入をもたらすが、成長のための先行投資も必要である。短期的には資金創出源とならない。長期的には市場の成熟に伴って「金のなる木」になる可能性を秘めている。

・金のなる木：シェアの維持に必要な投資以上の資金流入をもたらし、他のSBUの資金源となる。

・問題児：資金流入よりも多くの投資を必要とする。企業は、積極的投資によって「花形商品」を目指すか、見守ることで「負け犬」にシフトしていくか、を決める必要がある。ここでは、「花形商品」へシフトするために必要な積極的投資の額がいくらとなるかで判断する。

・負け犬：収益性は低水準であるが、市場成長率が低いので資金流出が少ない。

各SBUを**図1-1**の中で位置付けした後、それぞれのSBUをどのような方向で対応していくかを決めることとなる。ここには、４つの方向性（拡大、維持、収穫、撤退）がある。そして、各SBUについて、「金のなる木」は、維持または収穫、「問題児」は、拡大または収穫、撤退、「負け犬」は収穫または撤退、のいずれかを選択する。

PPMを用いる際の課題として、SBUをどのように定義するか、定量的に計算できるか、環境の変化をどのように入れ込むか、などが指摘されてきた。この解決方法として、たとえば、高い・低い、のランクを、高い・中程度・低い、の３ランクに精緻化するなどが試みられた。PPMの手法は、短期的観点から、各事業をどのような方向性で取り組んでいくかに関する検討材料を与えてくれる意義はある。

PPMによって、短期的な観点から事業の取り組みにおける経営資源配分の優先順位は明らかになるが、それでは優先順位の高いものについて、その戦略はどうあるべきか、どう作成するかについては検討課題として残される。したがって、経営資源を優先的に配分することが望ましい事業を選択した後、それら事業全体について中長期的観点から事業戦略を作成することが次の課題となる。

農業法人の場合、産地が全国に広がっていることや中小規模の法人が多いこと、農産物の差別化要因が多様であることから市場の成長率と相対的マーケットシェアを設定すること自体が困難となる。また、生鮮品事業の場合、取り組む事業内容はあまり変化せず、経営資源の配分は安定していることが多い。したがって、PPMを適用できる範囲は限定的である。それでも、大規模生産者や加工度合いの高い製品の出現によって、適用範囲は拡大する可能性はある。

（４）SWOT分析

全社戦略を作成するための材料を得るため、SWOT分析を行う。SWOT分析とは、内部環境か外部環境かの軸とプラス要因かマイナス要因かの軸から、自社の特徴を明らかにしようとするものである（**図1-2**）。強み（Strength）とは、自社が保有している技術力、ブランド力など他社と比べて優位な特徴を指す。弱み（Weakness）とは、自社における人材不足、資金不足など他社と比べて劣位な特徴を指す。機会（Opportunity）とは、法制度や市場動向、

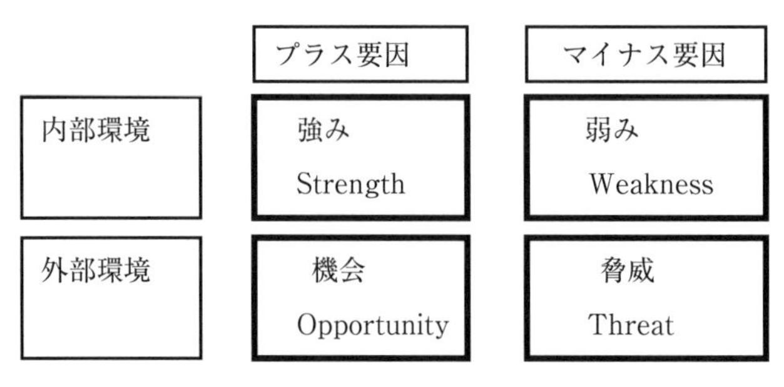

図1-2　SWOT分析のイメージ

社会情勢など自社にとってプラスとなる外部環境のことを指す。脅威（Threat）とは、競合他社の成長、市場の縮小など自社にとってマイナスとなる外部環境のことを指す。たとえば、円安傾向という外部環境は、輸出型企業にとってはプラス要因、輸入型企業にとってはマイナス要因となるので、同じ外部環境であっても、企業によってプラス要因となったりマイナス要因となったりすることがある。

このようにして、自社の特徴を把握することができる。それでは、この後どのようにして全社戦略に結び付けていけばよいのであろうか。ここでは、自社の意向、方針を入れ込む必要がある。たとえば、もっと自社の強みを伸ばしたいと考えるのであれば、強みと機会を中心にすえて作成する。弱みを補いたいと考えるのであれば、弱みと脅威に着目してこれらマイナス要因をゼロに近づけるようにする。たとえば、組織能力の充実をしたいと考えるのであれば、内部環境の強みを活かし弱みを補う内部資源を充実させるようにする。たとえば、外部環境の変化を先取りしたいと考えるのであれば、外部環境の機会と脅威をさらに深堀りし自社のポジショニングを明確にする。

進め方としては、異なる部署に所属する社員を横断的に集めて組織化し、そこでメンバーによるブレーンストーミングによって、強み、弱み、機会、脅威を書き出すことが出発点となる。実際には、個人の恣意性が反映してしまうので、できる限り、時間をかけてグループワークを行うことが有効である。

農業法人の場合、自らの特徴を知るためにもSWOT分析を行うことは有効である。可能であれば、ステークホルダーも巻き込んで意見交換しながら作成することが望ましい。特に外部環境分析では有効である。

（5）BSC分析（Balanced Scorecard）

SWOT分析では、強み、弱み、機会、脅威を書き出すことが出発点となるが、担当メンバーがこれを行う場合、幅広く意見を募るため自由に書き出してよいとすると、それぞれの内容や基準はバラバラになりがちである。すなわち、メンバーは担当部署や担当業務に特化した内容を書き出さざるをえず、共通点が見えないため議論がかみ合わなくなる。そこで、共通の視点から書き出すことが求められる。このための手法がBSC分析である。

BSC分析における視点とは、「財務」「顧客」「業務プロセス」「学習と成長」の４つを指し、これら別に指標を特定する。例示すれば次のとおりである。財務指標では、純利益、営業利益、純資産額、投資収益率などのキャッシュフロー項目があげられる。あるいは、経営分析指標である収益性、効率性、安全性、成長性などの指標を取り上げることも可能である[19]。顧客指標では、顧客へ提供している価値、顧客満足度があげられる。業務プロセスでは、「開発」「オペレーション」「アフターサービス」の段階ごとに、かけた時間や費用などのコスト、割いたリソースがあげられる。学習と成長では、従業員の資格の保有数、労働時間、こなした仕事量、仕事のクオリティがあげられる。

SWOT分析における、強み、弱み、機会、脅威それぞれごとに、上記の中から適切な指標を選択し、用いることで、より客観性・共通性のある材料を提供でき、活発な議論が可能となる。

実際に適用する場合には、じっくり時間をかけることや社内査定チェック体制を整備することなどの条件をクリアする必要がある。このため、規模の小さい農業法人ではBSC分析を導入しにくいかもしれない。それでも、企業の成長に伴って規模が拡大していけば、いずれかの時点で、BSC分析が有効なツールとなるであろう。また、BSC分析では、各指標が定量化されるので、将来目標を定量的に定めることができる。そして、将来目標に対して、現時点あるいは中間時点でどの程度達成されているのか、を評価・確認することもできる。

（6）全社戦略を整理する視点

前述した分析を行った後、それらの結果を用いて、全社戦略をどのような内容にしたらよいか。全社戦略は、事業戦略やマーケティング戦略の指針となるものであり、ドメインの定義と資源展開の決定、事業システムの決定について明記すべきである。しかしながら、1.1（3）の事例で見る限り、法人ごとに経営理念やビジョンに関して表明している視点はさまざまである。この背景には、法人トップの関心がドメイン、経営資源、事業システムのいずれかに偏っていることや、法人化のきっかけが外部からの要請であったり自らの意欲であったりと多様であることにあると考えられる。ただし、もし、法人に対してこれら３項目それぞれについて問いかけをしていれば、明確な回答を得られた可能性がある。

一般的な企業の経営戦略論によると、法人が自らの全社戦略をステークホルダーに理解してもらうためには、ドメイン、経営資源、事業システムの３項目について表明することが望ましい。

ドメインの定義と資源展開の決定で記述するのは、自法人の内部環境に関する内容である。トップの思いに加えて、PPMやSWOT分析、BSC分析の結果を受けて検討する。たとえば、生産、加工、販売、サービスなど、どのような事業に取り組むのかについて表明する。ヒト、モノ、カネ、情報といった経営資源では特に何を大切にしていくのかについて表明する。事業システムの決定で記述するのは、地域や消費者、他団体と自法人との関係のあり方に関する内容である。たとえば、地域における雇用創出、地域の歴史・伝統・文化・景観の保全、地場産業との連携について、自法人の立ち位置を検討する。これを受けて、地域の振興や発展にどのように貢献・寄与していくのかについて表明する。消費者の健康増進、安全・安心の確保について、自法人の立ち位置を検討する。これを受けて、消費者に対してどのような価値を提供していくのかについて表明する。

もう一つの観点として、農業生産の特性を考慮する必要がある。農業生産は、自動車や家電、加工食品等の製造と比べて自然環境や気象条件の影響を受けやすいため、農業法人は、これにどう対応していくか、また量的・質的な安定生産体制をどう構築していくかに関する戦略を優先しがちである。一方では、これらに関する組織能力が備われば備わるほど、加工や販売、サービスに関する戦略の重要性は増す。

全社戦略では、ドメインの定義と資源展開の決定、事業システムの決定について明記すべきである。ここでは、ドメイン、経営資源、事業システム間のウエイトを比較考量する必要があるが、農業法人が全社戦略を検討する場合、ドメインの設定に関するウエイトを大きくすることが求められる。ドメインの設定において、生産に重点を置いた場合には生産戦略を作成する必要があり、加工食品の製造に重点を置いた場合には加工戦略を作成する必要がある。いずれのドメインを選択するとしても、JA出荷や卸売市場出荷以外の直接販売に取り組む場合、マーケティング戦略が重要となる。

（7）全社戦略の共有化

全社戦略の価値は、法人のメンバーが実際にどのような行動をとるかによって決定される[20)]。全社戦略は、絵にかいた餅であってはならない。メンバーは、全社戦略を理解することで期待以上の行動をとる、全社戦略の実現を望むといった意欲を持つようにしなければならない。

このため、全社戦略をトップダウン型で作成する場合でもボトムアップ型で作成する場合でも、その作成過程では、個人のビジョンと全社戦略のダイアログ（相互理解のための努力、対話や会話）が必要である。トップが長期的な全社戦略を考え、メンバーはその実践だけを考えるという形態では、メンバーは受け身の姿勢となってしまい、創造的なものが生み出されにくい。また縦割り的な行動に陥りがちである。

規模の小さい法人であれば、トップダウン型で全社戦略を作成することが多い。この場合、トップは、全社戦略を繰り返し説明することが重要である。メンバーからの参画意欲を得るためには、全社戦略の内容と優位性を明確に語り、メンバー自身に参画するかどうかの自由度を与えることである。

規模の大きい法人であれば、ボトムアップ型で全社戦略を作成することが多い。メンバーが集まって全社戦略を作成することのメリットのひとつは、その意味が共有されやすいことである。人間は、抽象的なスローガンでは動かないことが多い。メンバーが、全社戦略の背景や意図、課題、目ざすべき姿について話し合うことで、それらの意味を理解することにつながる。お互いに、個人の思いをぶつけあうことで、それぞれの関係性が構築され、高い参画やコミットメントが得やすくなる。

1.3　個別戦略

（1）個別戦略の内容

個別戦略では、全社戦略を受けて、生産戦略、マーケティング戦略、人材戦略、財務戦略等からなる業務戦略、あるいは事業のあり方に関して中長期的戦略を示す事業戦略を検討する。業務戦略と事業戦略はマトリックスの関係にある。すなわち、たとえば米事業の事業戦略を検討する場合、当該事業の全体的な戦略とその業務としての生産戦略やマーケティング戦略を検討する必要がある。本書では、経営の安定化に必要な収入を確保するといった観点から業務戦略においてはマーケティング戦略に重きをおく。

事業戦略については「戦略が、合理的な要素ばかりでできると誰もが同じようなことをするので、独走することはできない。とすれば、非合理的な要素を入れていても、成功すれば、なるほどと納得される。ここの源泉には2つの考え方がある。ひとつは、先見の明である。これは、誰も気づいていない新しい環境変化に気づいてすぐに実行するということであるが、相当程度難しいことである。もう一つは、部分的に非合理に見える部分を、他の要素との関連で全体を見ると、合理的に見えるということである」との見解がある[21]。また競争優位について、「構成要素の間には、相互依存や因果関係が張り巡らされているので、いくつかの要素をまねても全体がかみ合って交互効果を生み出さないと同水準の競争優位を達成できない」としている。

このような考え方は、多くの事業に取り組む農業法人にも適用できるかもしれない。多様な生産物や加工食品について、また生産、加工、流通、サービスという多様な業務について、個々の最適化を目指すのではなく、全体としての最適化を目指すという考え方である。

実際に事業戦略を構築しようとすると、それは難題である。当該作業で考えるべき点としてあげられるのは、次のようなものであろう。たとえば、どのような事業展開をすれば成長を達成できるのかという観点から、外部要因では、成長市場を探す、競争環境を考慮する、内部要因では、自社の強みを活かす、学習の場を設けることが重要であると述べられている[22]。たとえば、「成長しない業界で企業が成長するためには、競合相手に優位になる、あるいは他業界へ進出する、新しい市場へ進出する。これを促進するのは、経済の成熟化とIT技術の発達である」と述べられている[23]。このためのビジネスモデルでは、「顧客価値、儲けのしくみ、競争優位性の持続」が重要と述べられている。

（2）個別戦略の作成

狭義の事業とは、プロフィット部門における収益源に関する活動の固まりであり、事業戦略はそれら事業をどのように発展させようとするかを示すものである。事業戦略に基づいて、各部署の業務計画が作成される。たとえば、人事部であれば人事計画、財務部であれば財務計画、広報部であれば広報計画が該当する。

規模が小さい農業法人の場合、部署そのものが少なく、各部署は複数の業務を所掌している場合が多いと考えられる。取り組んでいる事業としては、たとえば、生産事業や直接販売事業、加工事業、農家レストラン、農家民宿などサービス事業があげられる。たとえば、レタスに特化して大規模栽培を行い、JA（農業協同組合）や卸売市場に出荷している法人は、レタス栽培事業のみが存在し、業務戦略として生産戦略を作成することで十分かもしれない。もし、加えて、農作業受託でキャベツ栽培に取り組むとすれば、業務戦略としてレタスとキャベツのバランスのとれた生産戦略を作成する必要が生じる。このような課題については、たとえば畑作と露地野菜作における主要なリスクとして論じられている[24)]。もし、さらに加えて、実需者販売に取り組むとすれば、業務戦略としてマーケティング戦略を作成する必要が生じる。

一方、複数の事業に取り組んでいる法人では、それぞれ別に業務戦略を作成する必要がある。特に、直販事業や加工事業に取り組んでいる法人にあっては、マーケティング戦略が重要となる。たとえば、トマト（生食品）とトマトジュースを販売している法人であれば、トマト（生食品）のマーケティング戦略とトマトジュースのマーケティング戦略が必要となる。

中長期的な事業戦略を作成するためには、まずは、自法人の事業とは何かを整理する必要がある。これは、生鮮品か加工品か、と実需者向けか消費者向けかによるマトリックスで整理される。

たとえば、生鮮品のマーケティング戦略の検討においては、ブランド力が問われる。加工品のマーケティング戦略の検討においては、加工力やブランド力、企画力が問われる。実需者向けのマーケティング戦略の検討においては、出荷量の大きさ、品質の安定性、価格の妥当性が問われる。消費者向けのマーケティング戦略の検討においては、価格の妥当性、顧客満足度が問われる。

（3）個別戦略作成の思考法

成長を志向する農業法人は、よりよい個別戦略を作成しそれを達成しようとする。この過程で、組織のあり方そのものも発展していかなければならない。一般的に、組織発展のプロセスを見ると、漸次的進化過程と革新的変革

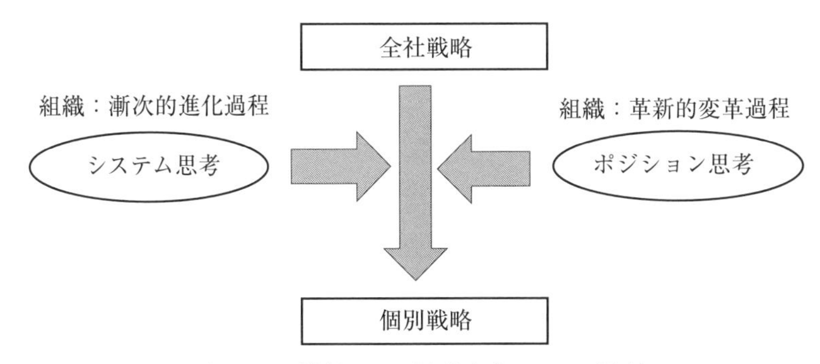

図1-3　ポジション思考とシステム思考

過程が交互に組み合わされるといわれている[25)]。漸次的進化過程とは、安定期段階において進行する連続的な変化プロセスであり、組織は修正や改善によって変動する。革新的変革過程とは、経済や技術が急速に変化する環境下で、既存の微調整では対応できず不連続な変化や組織の再構築を必要とするものである。長期的な発展過程をたどる企業では、比較的長期にわたる漸次的進化過程と突然に生じる革新的変革過程が交互に組み合わされる。

漸次的進化過程と革新的変革過程において、それぞれどのような思考法を用いて個別戦略を作成したらよいだろうか。本書では、個別戦略を作成するための思考法として、変革意識と競争意識という２つの視点から検討するポジション思考（第５章）と相互の要素のつながりを重視するシステム思考（第６章）を提示する（**図1-3**）。

漸次的進化過程では、組織は修正や改善を繰り返す活動に重点を置くので、システム思考を用いることが望ましい。革新的変革過程では、組織は外部環境の急激な変化に適応するための活動に重点を置くので、ポジション思考を用いることが望ましい。農業法人は、自らが安定的に発展していく時期にあるとするならば、システム思考に基づいて個別戦略を作成する。一方、それまでとは大きく異なる次元の新規事業に取り組む時期にあるとするならば、ポジション思考に基づいて個別戦略を作成することとなる。

（4）マーケティング戦略の作成

マーケティングとは、あえて単純化していえば「いかにして売るか」を考えることである。モノ不足の時代には、需要が供給を上回るので、モノを市場に投入すれば自然に売れる。したがって、マーケティングの重要性は小さい。しかしながら、日本のような成熟社会では、供給サイドから提供される選択肢が多くなり、消費者は自分のニーズに合致したものを選択できるようになる。すなわち、供給サイドから見ると、競争が激しくなるので、消費者に選ばれるように工夫をしなければならない。マーケティングでは、消費者起点の考え方をとる必要がある。

青果物の市場流通において、農業者はJA（農業協同組合）経由あるいは直接卸売市場へ出荷するので、じかに消費者と対峙することはない。販売については小売業が担うため、マーケティングについて考える必要はない。

成熟社会では、農業者が直売所や通信販売で直接消費者へ農産物を販売する、あるいは加工食品を販売する場合、マーケティングを検討する必要がある。また、実需者やスーパーへ販売する場合、これらの要望に合致しなければならないという意味で、マーケティングを検討する必要がある。

一般的に、顧客重視のマーケティング戦略では、STPについて検討する。すなわち、企業は、S（セグメンテーション）、T（ターゲティング）、P（ポジショニング）の順番で意思決定しなければならない。セグメンテーションとは、市場を同質のニーズを持つ消費者グループ、あるいは事業者グループに分けることである。ターゲティングとは、セグメンテーションした市場において、どのセグメント（グループ）を標的市場とするかを決めることである。ポジショニングとは、ターゲットとしたセグメントの中で、価格･機能･品質・デザインなどの項目に関する自社の特長をどこにどのように位置づけるのかを決めることで、競合と自社の違いを明確にし、自社製品の競争優位を獲得しようとすることである。

農業法人が、収穫した農産物の主要な出荷先をJA、あるいは卸売市場としている場合、マーケティング機能を果たすのは小売企業となる。この場合、農業法人がマーケティングについて考える必要性は小さく、おもに小売企業が需給調整や価格設定の主体となる。

農業法人がマーケティングについて考えるのは、直売所や通信販売で直接消費者へ農産物を販売する、あるいは加工食品を販売する場合である。

顧客重視のマーケティングを考える際、消費者ニーズが起点となる。生鮮品の場合、その多くは日持ちしないので、在庫をしにくい。また、生産量や品質が安定するようになるためには長期間を要するので、消費者ニーズが分かってもすぐには対応できない。ただし、生鮮品に対してニーズを持つ消費者を見つける、あるいは増やすという目的でのマーケティングは有効である。すなわち、生鮮品起点のターゲティングについて検討する余地がある。

加工食品の場合、ジャムやジュース、ドレッシング、漬物、ドライ品等は一定期間保存可能であるので、在庫をある程度抱えることができるが、競合企業が多いので競争は激しい。また消費者ニーズに合わせて、加工食品の姿（ドライ、冷凍、レトルトなど）を工夫することができる。ニーズを持つ消費者を見つける、あるいは増やすという目的に加えて、消費者ニーズに合わせた加工食品の開発・普及でのマーケティングは有効である。すなわち、消費者起点のターゲティングとポジショニングについて検討する余地がある。

マーケティング戦略とは、全社戦略を受けて、マーケティングに関する中長期的な指針を示すものである。一般的なマーケティング戦略の検討においては、全社戦略で市場外流通や加工に取り組むかどうか決めることとなる。ところが、農産物の収穫においては、一定量の規格外品が発生したり、自然条件や気象条件により収穫量が計画と乖離したりすることが生じるので、全社戦略での言及の有無にかかわらず、これらにどう対応するのか決定しなければならない。すなわち、通常収穫してから市場外流通販売や加工に取り組まざるをえない状況が起こる。したがって、マーケティング戦略の検討においては、STPに関する検討に加えて、市場外流通販売や加工も含めて検討する必要がある。そこで、本書では、広義のマーケティング戦略の作成におい

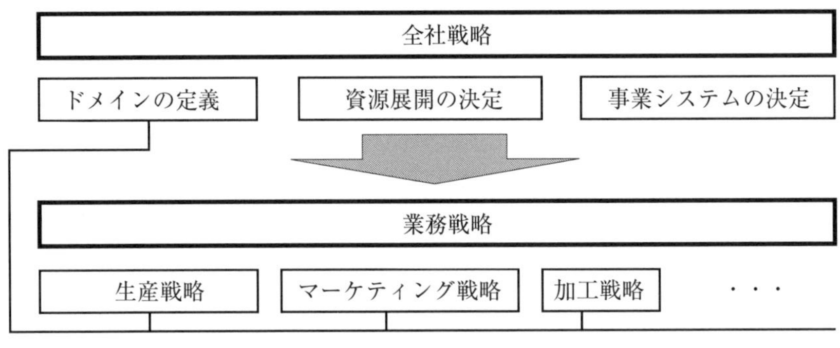

図1-4　全社戦略と業務戦略、マーケティング戦略

て、全社戦略の一部に位置付けられる取り組み事業の選択（ドメインを定義すること）も検討範囲に含めることとした。広義のマーケティング戦略の作成によって、業務戦略としての生産戦略や加工戦略等との関連性を踏まえたマーケティング戦略を検討することが可能となる。

本章の要点を整理すると、全社戦略と業務戦略、マーケティング戦略の全体像は、**図1-4**のとおり示される。

注

1）ここでは、石井淳蔵・奥村昭博・加護野忠男・野中郁次郎（1996）「経営戦略論【新版】」有斐閣、に基づいた。
2）酒井篤司、古坂真由美、椎原秀雄（2016）「事業性評価に結びつく　農業法人経営の見方」ビジネス教育出版社
3）南石晃明（2011）「農業におけるリスクと情報のマネジメント」農林統計出版
4）公益財団法人日本農業法人協会
「21世紀型・農業経営の時代が始まったー農業法人インタビュー調査」（2005年３月）
https://hojin.or.jp/files/standard/interview2004.pdfに基づいた。
5）大泉一貫（2020）「フードバリューチェーンが変える日本農業」日本経済新聞出版社
6）有限責任監査法人トーマツ・農林水産業ビジネス推進室（2017）「アグリビジネス進化論」プレジデント社
7）高橋信正編著（2013）「「農」の付加価値を高める六次産業化の実践」筑波書房、を参考にした。

８）門間敏幸編著（2009）「日本の新しい農業経営の展望―ネットワーク型農業経営組織の評価―」農林統計出版、が参考になる。
９）大仲克俊（2018）「一般企業の農業参入の展開過程と現段階」農林統計出版に基づく。
10）和郷園のホームページより。http://www.wagoen.com/company#company-idea。参照日2023年２月25日。
11）無茶々園のホームページより。https://www.muchachaen.jp/。参照日2023年２月26日。
12）ホーブのホームページより。https://hob.co.jp/company/　参照日2023年２月27日。
13）新福青果のホームページより。https://www.shinpukuseika.co.jp/　参照日2023年２月20日。
14）門間（2009）に基づく。
15）茨城白菜栽培組合のホームページより。http://www.hakusai.co.jp/index.html　参照日2023年２月19日。
16）門間（2009）に基づく。
17）江上隆夫（2019）「THE VISION」朝日新聞出版
18）上原征彦編著（2015）「農業経営」丸善出版、を参考にした。
19）酒井篤司、古坂真由美、椎原秀雄（2016）「事業性評価に結び付く農業法人経営の見方」ビジネス教育出版社を参照のこと。
20）小田理一郎（2017）「「学習する組織」入門―自分・チーム・会社が変わる持続的成長の技術と実践」英治出版、を参考にした。
21）楠木建（2010）「ストーリーとしての競争戦略」東洋経済新報社
22）淺羽茂・須藤実和（2007）「企業戦略を考える」日本経済新聞出版社
23）内田和成（2009）「異業種競争戦略」日本経済新聞出版社
24）天野哲郎（2000）「農業経営のリスクマネジメント―畑作・露地野菜作経営を対象として―」農林統計協会
25）桑田耕太郎、田尾雅夫（1998）「組織論」有斐閣アルマ

第2章

個別戦略—事業戦略

事業戦略に関する検討は、経営学の一分野として「成長企業はどのような戦略を持っていたのか」に焦点をあてて議論・提案されてきた。これまで検討されてきている、協調戦略、競争戦略、リスク対応戦略、ダイナミック・ケイパビリティ戦略の位置づけと考え方を明確にし、それぞれの特性を紹介する。ここで、これら戦略を農業法人に適用するときの留意点についても適宜言及する。

2.1　協調戦略

（1）協調戦略とは

協調戦略とは、異なる組織・団体が、お互いに利益を得られるウィンウィンの関係を追求して事業に取り組むものである。パートナーシップ戦略といわれることもある。パートナーシップは、その深化に応じて、協力（Cooperation）、協調（Coordination）、協働（Collaboration）と呼ばれる。パートナーシップの形式を役割分担と対象事業というふたつの項目から整理すると、**表2-1**のとおりである。

協力では、コストダウンや経営資源の調達を意図して、既存事業の一部を

表2-1　パートナーシップの形式

<table>
<tr><th>対象事業
役割分担</th><th>既存事業</th><th>新規事業</th></tr>
<tr><td>分　離</td><td>協力（Cooperation）</td><td rowspan="2">協働（Collaboration）</td></tr>
<tr><td>混　合</td><td>協調（Coordination）</td></tr>
</table>

他組織・団体へ外部委託（アウトソーシング）することである。広い意味では、農作業受託が含まれる。

協調では、コストダウンや規模拡大、範囲拡大を意図して、異なる組織・団体が強みを持つ資源を提供しあうことによって、既存事業で協定を結んだりすることである。広い意味では、外食企業と農業法人、あるいは食品メーカーと農業法人の間での契約栽培が含まれる。

協働（コラボレーション）では、新規事業に対する取り組みであることを条件とする。パートナーシップにおいて最も深化している協働においては、組織・団体間の業務委託と異なり、新規事業におけるオペレーション、業績評価、計画作成に長期的に取り組んでいくこととなる。一般的には、協働は、上流から下流へいたる物流の効率化・最適化をめざす取り組みにおいて、取引当事者間や物流事業者の間で検討課題となることが多い。すなわち、サプライチェーンマネジメント（SCM）の実践において取り組まれてきた。

形式として、CPFR（Collaborative Planning, Forecasting and Replenishment、協働計画・需要予測・補充）、CTM（Collaborative Transportation Management、協働輸送管理）がある[1)]。前者では、流通業者とメーカーがインターネットを活用して、協働作成の計画と需要予測に基づいて、商品補充を成功させるための取引パートナー間のビジネスプロセスを確立する。後者では、荷主と受荷主、物流業者が協働して需要予測、オペレーション計画を共有して輸配送を行う。

上記２つの戦略以外に、協働商品開発では、消費者の正確な情報の把握や企業横断チームによる商品開発やテストマーケティングを行い、商品開発を進める。

協働商品品揃えでは、店頭スペースを効果的に活用するため、消費者の視点にたって新しいカテゴリーマネジメントに移行したり、スペース配分の最適化を図る。

協働販売促進では、価格戦略、販促戦略、販促企画の協働制作、販促情報の共有や効果的な販促を行う。

協働供給計画では、小売企業はメーカーに対して、メーカーはサプライヤーに対して、不良在庫の発生をできるだけ少なくするように、需要動向を考えてギリギリまで確定した発注をしない傾向がある。このため、小売企業はメーカーに、メーカーはサプライヤーに対して、一定期間の最低購入量を指示したり、納入量の確定時期を前倒しする。

以上のように、上流から下流へいたる物流の効率化・最適化をめざす取り組みは行われているが、マーケティング戦略において製品戦略、価格戦略、販売促進戦略まで広げた取組は少ないと考えられる。

(2) 農業分野での協調戦略

農業分野での協調戦略は、生産に関する共同作業を中心として行われてきた。たとえば、協力・協調では、これまでも、農家同士に限らず、農家と都道府県職員である普及指導員、あるいはJA営農指導員が意見交換等しながら、産地の状況に適合した栽培技術や栽培方法に関する相談を行うといったことがみられる。これらは後述するように、協力・協調にとどまらず協働（コラボレーション）の形態に発展することもある。

JA（農業協同組合）の組合員であれば、農産物の収穫後、JAの倉庫に運搬し、そこで共撰共販を行う仕組みが確立している。あるいは、ネットワーク型農業経営組織に関する研究がなされた[2)]。「ネットワーク型農業経営組織とは、経営目的を共有し経営の全体もしくは一部を、相互の経営資源や技術・知識・ノウハウを共有しながら連携して活動する複数の農業経営が集まった組織である」としている。この関係性において、中心組織（フランチャイザー）と参加組織（フランチャイジー）間のより強固な連携をめざす組織形態を、フランチャイズ型農業経営と定義している。事例分析では、コンサルタントや研究者、IT企業といった、JAや行政の枠を超えた連携がみられ、組織の技術革新を支えていると指摘している。取引関係では、市場流通ではなく安定した価格での取引が構築されている。

コラボレーションは、異なる企業同士が協力して、新規事業におけるオペレーション、業績評価、計画作成に長期的に取り組んでいくものであるが、新規プロジェクトに対して明確な線引きがあるわけではなく、幅広い分野で適宜使われている。

政策面では、2008年（平成20年）に農林漁業者と中小企業者との連携による事業活動の促進に関する法律が施行された。この法律は「農商工連携」に取り組もうとする中小企業者及び農林漁業者の共同による事業計画を国が認定し、認定された計画に基づいて事業者を各種支援策でサポートするものである。コラボレーションという用語は用いられていないが、異なる業種の組織が連携するという意味で、コラボレーションに類似した取り組みと捉えられる。JAと商工会議所が連携する事例が多い。

農業法人における企業間連携に関する研究が行われている[3)]。これによると、企業間連携の実施の有無は、関連事業があるかどうか、借入耕地面積の広さ、独立就農者がいて雇用者増を予定しているかどうか、と関連があると指摘している。すなわち、同研究によると、農業法人の連携では、人的つながりに基づいた関係性がベースにあるとみることができる。

新規に農業へ参入した企業・団体は別として、多くの農業法人について、その出自は農家である。農家における「協働」という概念は、営農分野を中心として提唱され実践されてきた[4)]。農家と都道府県職員である普及指導員、あるいはJA営農指導員が意見交換等しながら栽培技術の向上や新品種の導入を図るといったものである。農家と民間企業との協働では、上記普及指導員やJA営農指導員が行いにくい分野で、民間企業が支援・コンサルテーションを行う。たとえば、①農機メーカーや資材メーカーなどが生産者に自社商品販売の際に行うもの、②税理士や公認会計士などが生産者に会計業務の一環として行うもの、③ICTベンダーが自社製品を販売しサポートを行う際に実施するもの、④民間コンサルタントが生産者等に栽培の技術面や経営面などにコンサルタントするもの、がある。民間コンサルタントが経営面で行う助言としては、首都圏や海外でのマーケティング活動に関する内容があげられる。

このように、農業分野においてもコラボレーションに類するような政策面・研究面での動きがみられる。

（3）農業法人の協働（コラボレーション）に対するニース

農業経営におけるコラボレーションに関連する研究では、異業種との連携における今後の重要度の高い項目として、行政機関からの補助金受け入れや技術・ノウハウの提供、金融機関から資金の借り入れ、研究機関からの技術・ノウハウの提供、があげられており、これらよりやや重要度は低いが、農業法人以外の企業からの商品売買や技術・ノウハウの提供、があげられていた[5)]。全体的には、生産技術に関するニーズが高く共同での商品開発に関するニーズは低いことがうかがわれる。

農業法人が有するコラボレーションニーズの概要について、「事業選択アンケート」（アンケートの詳細は7.1参照）に基づいて述べる。

ここでは、コラボレーションを事業連携という言葉で表現した。なお、事業連携について、アンケート票での質問文は、回答者が明確なイメージを持ちやすいよう具体的な表現となることを考慮して、「他組織・団体との共同での取り組み（企画から実行までの共同作業であり外部委託や外部受託は含まない）についてうかがいます。貴法人は、自法人が属する法人グループ以外の他の組織・団体と共同で業務に取り組んでいますか」とした。

アンケートでは、他の団体との事業連携の実態や予定について「人材確保・育成」、「施設利用」、「新商品開発」、「ブランド化」、「顧客拡大」それぞれごとに「共同取組済」、「１～２年以内に取組予定」、「中長期的に取組予定」、「何とも言えない」、「考えていない」の５つからひとつ選んでもらった。選択肢のうち、前３つについて、事業連携意向有、後２つについて、事業連携意向無、として集計し、事業連携意向有の割合をみると、「顧客拡大」38.8％、「ブランド化」37.6％、「新商品開発」34.5％の順番であった。各項目で大きな違いがみられなかったが、３割以上の農業法人は、マーケティング活動において事業連携意向を有していることがうかがわれた。なお、「共同取組済」の割合をみると、「人材確保・育成」13.1％、「施設利用」14.3％、「新商品開発」9.5％、「ブランド化」15.5％、「顧客拡大」14.6％であった。

2.2　競争戦略

（1）競争優位の基本戦略

競争とはどういうことであろうか。成熟社会では企業間の競争はいたるところにある。競争というと、競合企業とシェア争いをするというイメージがあるかもしれないが、必ずしもそうではない。マイケル・ポーターは、顧客のニーズを満たすという意味でビジネスでは複数の勝者が共存することができるという[6)]。企業は、顧客に提供する価値の独自性は何かといった観点から競争する。経営者は、競争の土俵が多くあり複数の勝者がいるプラスサム競争を行うか、競合企業が互いに模倣しあうゼロサム競争を行うか、選択することができるが、前者の方を選択することが企業にとっても消費者にとっても望ましい。

競争戦略を作成する上では、自法人の競争優位は何かを明らかにすることが出発点となる。これに関する議論は、経営学における経営戦略の分野の中で主要なテーマのひとつとして議論されてきた。

競争優位を有する事業戦略を作成しようとする場合、内部環境分析、外部環境分析を行う。普及している手法として、SWOT分析がある。内部環境分析では自社の強みと弱み、外部環境分析では機会と脅威、を２×２のマトリックスに書き出すものである。内部環境分析では、生産物、ノウハウ、所有情報などに関する分析が行われる。外部環境分析では、ミクロ環境分析、マクロ環境分析が行われる。さらにミクロ環境分析の中で競合企業に関する分析が行われる。

このような分析結果を用いて、どのように競争優位を獲得すればよいのであろうか。マイケル・ポーターは、外部環境分析においてファイブフォース分析、内部環境分析においてバリューチェーン分析を提唱した。

ファイブフォース分析では、既存競合企業間の敵対関係、新規参入の脅威、代替製品やサービスの脅威、買い手交渉力、売り手交渉力、の５つの観点から業界構造を分析し、それに基づいて、新規参入すべき業界かそうでない業界かを識別するものである。すなわち、業界の収益性を吟味し、収益性の低い業界には参入しないことを選択する。既存競合企業間の敵対関係については、既存企業同士の競争が激しいほど業界の収益性は低下する。新規参入の脅威については、これに対抗して既存の業界は価格を上げにくくなること、また顧客をつなぎとめるために投資をする必要があることから業界の収益性は低下する。代替製品やサービスの脅威については、これらが登場すると基本的ニーズを異なる方法で満たすことになるので業界の収益性は低下する。買い手交渉力については、顧客が影響力を使って値下げ圧力をかけてくるので、業界の収益性は低下する。売り手交渉力については、交渉力を行使して他社より高い価格を請求することで業界の収益性は低下する。

製品の特性から業界構造をみると、生鮮品は地域特性や生産・栽培方法に基づく差別化商品として位置づけられるが、加工食品の多くは普及品であり競合企業が多く存在する。たとえば、加工食品におけるジャムやジュースについては、原材料で差別化できても商品カテゴリーが同一内であれば、既存企業間の競争が激しいこと、代替品が多いことから収益性の低い業界といえる。一方では、冷凍、冷蔵、缶詰、ドライ、レトルト、真空パック等の保存方法の多様化を組み合わせることが可能であるが、このためには、開発・設備投資が求められることから、やはり収益性の低い業界となる。とすれば、食品にこだわらない新規の業界に挑戦することが有効かもしれない。

バリューチェーン分析とは、企業の生産販売活動を、主要な活動（製造や販売など）と支援活動（労務管理や技術開発など）に分けて、その中で最も大きい付加価値を生み出している部分を見出すものである。たとえば、農産物のネット通販に関して事例に基づいてバリューチェーン分析を行った事例がある[7)]。ネット通販のバリューチェーンは、企画、作成・メンテナンス、受注から出荷・決済、アフターサービスの流れになる。この流れの中で、各生産者が行っている競争戦略としての活動を整理している。たとえば、顧客とのワンツーワンの対応を大切にしている事例、兼任担当者がその優位性を活かして活躍している事例、コンテンツを多重利用している事例、価格を柔軟に設定している事例、クレーム対応をネットで完結している事例、カタログ通販とネット通販を連動させている事例が紹介されている。競争戦略としての活動が満たす条件として、独自の価値提案があること、特別に調整されたバリューチェーンであること、競合企業とは異なるトレードオフがあること、バリューチェーン全体にわたる適合性があること、長期的な継続性があることが紹介されている。前述の事例が成功しているか、あるいは失敗しているかについて比較評価することは困難であるが、様々な工夫が行われていることは確認できる。

ファイブフォース分析では望ましい参入業界、バリューチェーン分析では自社の高付加価値部分を見つけ出すものであるが、これらに基づいた「基本戦略」については、市場の軸と競争優位の源泉の軸から、企業の競争戦略における基本的考え方として、「コスト・リーダーシップ戦略」「差別化戦略」「集中化戦略」が提唱されている。「コスト・リーダーシップ戦略」は、製品を低いコストで生産できること、「差別化戦略」は、製品の魅力で他社と差別化できること、「集中化戦略」は、特定の地域や顧客に集中して展開することである。

このような3つの基本戦略に対して、W・チャン・キムとレネ・モボルニュは、ブルー・オーシャン戦略を提唱した[8)]。既存の事業領域は、レッド・オーシャンといわれ、コモディティ化（同質化）が進むことで、競争が激しくなる。そこで、ブルー・オーシャンといわれる未知の事業領域を生み出せば、競争がないので低コストと差別化を両方実現できる。未知の事業領域を生み出す基本は、コストを下げつつ同時に顧客価値を増大させること、すなわちバリュー・イノベーションを起こすことである。たとえば、健康食品といわれる市場が近年成長している。行政から規制されない栄養補助食品、栄養機能食品、行政の規制がある特定保健用食品、機能性表示食品があり、ブルー・オーシャンといえよう。あるいは、国内農産物の海外市場への輸出をあげることができるかもしれない。課題として、そもそもバリュー・イノベーションをどのようにして起こすか、また時間の経過とともに他企業に模倣されることで競争が激しくなることがあげられる。あるいは、コモディティ化から抜け出す戦略が提唱されている[9)]。たとえば、低価格低品質商品の普及に対して価格破壊企業の力を減じ利用する、競合相手が乱立することに対して必要な力を築く、低価格高品質商品の普及に対してこの動きをコントロールするなどの方策が提唱されている。

また、バリューチェーン分析では企業内における活動を対象として分析するが、この分析対象を業界全体に企業横断的に広げてそれぞれの事業のつながりを表す事業連鎖に着目した戦略分析がある[10)]。事業連鎖では、それぞれの事業が、置き換え、省略、束ねる、選択肢の広がり、追加、の形態で変化することがありうる。置き換えとは、ある事業が別の事業に置き換わることである。たとえば、お湯をかけるだけで食べられるレトルトみそ汁やパックみそ汁は、食材を購入して調理することを不要にした。省略とは、ある事業が不要となることである。たとえば、もぎ取りの観光農園は、お店を省略していると見ることができる。束ねるとは、複数の事業が一つの事業で済むようになることである。たとえば、農産物直売所は、卸売機能と小売機能を統合していると見ることができる。選択肢の広がりとは、一つの事業が複数の事業に増えることである。たとえば、食品をネット通販で購入した場合、その受け取り場所として自宅やコンビニ、指定場所など多くの選択肢を選べるようになったことである。追加とは、新たに事業が付加されることである。たとえば、ウーバーイーツは、自宅でもレストランの味を楽しむことを可能にしたと見ることができる。このような変化はなくなることはないので、変化に適合した戦略が有効である。

（2）競争優位の源

バーガー・ワーナーフェルトやジェイ・バーニーらは、競争優位の源として「資源ベース論」、すなわち企業が有する固有の資源が重要であるとした。これはVRIOフレームワークといわれ、固有の資源として「価値」（顧客に対する価値提供)、「希少性」（業界内で希少であること)、「非模倣可能性」（他社がまねしにくいこと)、「組織」（組織的に活用できること）を提唱した[11]。さらに、企業が所有する固有資源だけではなく、様々な資源を組み合わせたり、結合させたりする組織能力、すなわち「ケイパビリティ」が重要であるといわれるようになった。プラハラッドとハメルは「コア・コンピタンス」が重要であるとした。

加えて、競争優位や資源ベース論を融合した戦略が提唱されている[12]。消費者の商品購入には、差別化重視型と低価格化重視型、これらのバランス型の３つのタイプがあることから、ミックス型戦略があるとする。また、外部環境が変化する状況においては、低価格戦略の中に高差別化を取り入れる戦略、あるいは高差別化戦略の中に低価格化を取り入れる戦略があるとする。そして、これら戦略を実現するためにビジネスモデルを提唱する。ビジネスモデルとは、資源ベース論から製品戦略へつながる流れである。競争優位を獲得するためにはビジネスモデルの革新が必要であり、ここでは、製品企画、生産、販売等個別要因における革新、あるいは個別要因の組み合わせにおける革新がある。

競争優位の源を追求していけばいくほど、多くの要素を加味した分析が求められるようになる。これまでの成功事例をつぶさに分析し競争優位の源を明らかにすることは研究面で意義があるが、実践面では適用しにくくなる可能性がある。

(3) 競争優位の絞り込み

バリューチェーン、ファイブフォース、資源ベース論、ブルー・オーシャン、バリュー・イノベーション、ビジネスモデル革新等分析手法は、国内・国外において成長に成功したといわれている企業が、なぜそのような成長を達成できたのか、を説明してきた。当該企業の成長要因が複雑化するに伴って、分析手法も多様化され提案されてきた。一時期成長していた企業がその後衰退すると、従来示されてきた成長要因の信憑性が揺らぐ。その時々に合わせて、好業績を示す企業について、その要因はどこにあるかを明確にするための分析手法が提案されてきた。

競争優位とは、ライバル企業から市場を奪うことではなく、卓越した価値を生み出すこと、すなわち低いコストで事業を運営すること、高い価格を課していること、あるいはこれら両方のことに関わる。価値を生み出すパラダイムとして、価値共創の考え方が提唱されている[13]。価値とは企業が提供する製品やサービスに備わっているのではなく、消費者の経験に根差しており、この経験は企業だけでなく消費者、あるいは消費者コミュニティから影響を受ける。差別化とは、製品やサービスにかかわる概念ではなく、多彩な消費者経験に合わせて経営資源を組み換え消費者コミュニティと触れ合い、多様な価格設定を受け入れ顧客の状況に応じたイノベーションを行うことである。競争とは、事業機会の捉え方、コンピタンスの利用、経営資源の活用と組み換え、組織力の結集などに取り組み、経験をベースとした価値共創を行えるかどうかである。

ここで、多くの農業法人は、大企業と比べて経営資源の制約が大きく、バリューチェーン、ファイブフォース、資源ベース論等各種分析方法の適用において、ある程度焦点を絞らざるをえない。どのようにして焦点を絞ったらよいか。焦点の絞り方について、競争優位の源泉には、SP（Strategic Positioning）とOC（Organizational Capability）の２つがあるとの見解がある[14]。SPは、ファイブフォース分析、ブルー・オーシャンを生み出すためのバリュー・イノベーション、OCはバリューチェーン分析、資源ベース論で検討することができる。

評判のよいレストンの例で考えると、他社と違うところに自社を位置付けること、すなわちその料理を考案したシェフのレシピが優れているかもしれない。これは、SP（Strategic Positioning）に該当する。また、企業の内的な要因に競争優位の源泉を探すと、使っている素材や料理人たちの腕やチームワークがよいかもしれない。これは、OC（Organizational Capability）に該当する。たとえば、農家レストランにおいて、SPであれば地元に古くから伝わるメニュー、OCであれば、地元に住むメンバーを集めて団体やグループを形成しコーディネートすることなどがあげられる。農家民宿において、SPであれば地元での散策コースやワークショップ、OCであれば、地元に住むメンバーとの語らいの場をコーディネートすることなどがあげられる。これらのアイデアを考える際の基礎データとして、前述したバリューチェーン、ファイブフォース、資源ベース論、ブルー・オーシャン、バリュー・イノベーション、ビジネスモデル革新などの分析手法を活用可能である。

2.3　リスク対応戦略

（1）リスクマネジメント

協調戦略と競争戦略は、どちらかといえば、将来の収入の増大・確保に重点を置いた戦略である。利益という観点から見てみると、コスト拡大や収入減の回避に焦点をあてた戦略も考えられる。将来のコストを下げられれば、収入が一定であっても利益は拡大する。たとえば、JA（農業協同組合）や卸売市場を農産物の出荷先のメインとし、将来にわたってそれを継続していくという方針を持つ農業法人は、安定したコストと生産の維持・継続を重視する。安定したコストの維持・継続のためには、コストの変動を抑えることが必要となる。量的質的に安定した生産の維持・継続のためには、自然災害や気象条件に柔軟に対応できる仕組み・体制が必要となる。これらはリスク対応戦略ということができる。

これまで、リスク対応戦略は、事業戦略の中に位置付けられてこなかった。それでも、将来にわたって安定した農業生産を実現していきたいという意向を持つ農業法人にとっては、業務戦略に含まれる生産戦略としてのリスク対応戦略を検討する余地があるが、これは農業リスクマネジメントとして取り組まれている。また、マーケティングにおけるリスク対応戦略については、

JA出荷や卸売市場出荷をメインにする農業法人にあっては、リスク移転していることとなる。そうでない農業法人にあっては、自らが主体的にリスクと向き合う必要があるので、リスク対応戦略が有効となる。

リスクに関する概念自体は変化してきているが、一般的には何らかの危険な影響、好ましくない影響が潜在することと理解されてきたこと[15)]から、農業法人の事業リスクを、事業を行っている中で何らかの危険な影響、好ましくない影響が潜在することと定義することができる。これまで、農家を対象とした農業リスクに着目した研究が行われてきた。たとえば、農家の農業経営を対象として、畑作と露地野菜作における主要なリスクとその対応策について論じられている[16)]。農家を中心とした農業リスクの体系化とリスク対応について論じられている[17)]。農業リスクの概念を整理するとともに、体系化が行われている[18)]。また、家族経営における営農リスクについて、影響度と発生頻度の認識を尋ね、その認識状況は部門・作目、経営規模、年齢、経営意欲などの要因によって大きく異なることを指摘している。農業法人の営農リスクについては、上記の知見を適応可能であるが、農業法人の事業リスクについては、加工、販売等業務にかかる多様なリスクがある。また、農業法人の戦略リスクとして、自らが作成した目標を達成できないというリスクもある。

リスクに対応すること（リスクマネジメント）については、農業経営の担い手の経営安定を図るため、2018年４月に「農業保険法」（農業災害補償法の一部改正）が制定され、自然災害による収穫量の減少等の損失を補てんするとともに、すべての農産物を対象として、自然災害による減収だけでなく相場の下落による価格低下など、農業経営の担い手の経営努力だけでは防げないリスクまで補償することが可能となっている。

リスクマネジメントを構築するためには、まずはリスク評価（リスクアセスメント）を実施する必要がある。筆者の研究室は、2019年９月に農業法人向けアンケート（以下「農業法人リスクアンケート」という）を実施した。配布数は、182件で有効回収数は57件であった。同アンケートでは、62の事業リスク項目を提示し、その中から重要と考える事業リスク項目を10個まで選んでもらった。

重要認識割合が最も高い項目は、「品質管理」（59.6％）であり、過半数の農業法人は当然取り組むべきリスクととらえている。次に、「人材確保難」（47.4％）、「異常気象」（43.9％）、「信用（営業・販売）」（42.1％）、「業務管理」（42.1％）、「労務管理」（40.4％）、「生産（栽培）管理」（40.4％）と続いた。さらには、「資金調達」（35.1％）、「製品（農作物）異物混入」（31.6％）、「ブランド戦略」（29.8％）、「原材料高騰」（26.3％）、「顧客対応トラブル」（26.3％）、「自然災害（製造・技術）」（24.6％）、「財務管理」（24.6％）、「自然災害（設備・社屋）」（24.6％）、「クレーム対応」（24.6％）と続いた。重要認識割合が1.8％～22.8％である事業リスクは39あった。提示した62項目のうち54項目の事業リスクがあげられており、農業法人が重要と認識する事業リスク項目は多岐にわたることが分かった。

以上のように、農業法人は、将来の収入の増大・確保に重点を置いているだけではなく、リスクにも意識を向けていることがうかがわれたので、事業戦略を検討する際、この観点も入れ込むことが求められる。生産関連に該当するリスクとして、品質管理、人材確保難、異常気象、労務管理、生産管理が上位にあげられており、生産に関するリスク認識が高くなっている。マーケティング関連に該当するリスクとして、品質管理、人材確保難、信用（営業・販売）があげられているが、全体的に、生産に関するリスク重要性認識よりも低い。JA出荷や卸売市場出荷をメインにしている法人が多いことが背景にあると思われる。

品質管理については、食品安全の観点からも取り組む必要がある。食品安全については、国レベルで法制度の整備が進められた。農業法人は、まずはこれを順守しなければならない。加えて、GAP、HACCPなど第３者認証による食品安全を確保する仕組みがある。

(2) ゲーム理論の適用

事業戦略の作成において、リスクを取り込む手法にはどのようなものがあるか。ゲーム理論を援用する考え方が提唱されている。

ゲーム理論とは、社会や自然界で複数主体が関わる意思決定問題や行動の相互依存状況を数理モデルから研究する。自分の利得が自分の行動のほか、他者の行動にも依存する状況を対象とする。数理モデルとして、囚人のジレンマといわれる状況は、政治、外交、経済、社会などで頻繁に観察されるものである。企業の利潤は、自社の経営戦略に依存するが、他の企業の経営戦略や消費者の需要動向によっても影響を受ける。したがって、経営戦略を決定する時には、他の企業の経営戦略や消費者の需要動向を考慮する必要があり、またこのような状況は他の企業にとっても同じであるから、自社の経営戦略は他の企業に影響を及ぼすことになる[19)]。

ゲーム理論の理論的な定式化は、1940年代に、フォン・ノイマンとモルゲンシュテルンによって行われた。当初は、経済学、政治学、軍事戦略、法律、コンピュータサイエンスなどの分野で研究が取り組まれた。筆者は、1970年代に大学でゲーム理論を学んだが、その当時はコンピュータサイエンスにおける情報数学の分野での授業として開講されていた。その後、ゲーム理論は、1980年代に行動経済学の一分野として、少数のプレイヤーの戦略的行動に関する問題を分析する手法として位置付けられるようになった。分析手法としての特性から事業戦略を解釈することができる。たとえば、ゲーム理論でコスト・リーダーシップ戦略を観察すると、競合企業間でのコストダウン競争は終わることはなく、当該戦略は望ましくないという結論に達する。ゲーム理論で差別化戦略を観察すると、業界で一定の利益を確保するという暗黙のルールがある場合価格競争を避けることができるが、そうでない場合同質化が進み価格競争に陥る。後者の場合、価格競争に陥ることが避けられるかどうかは、消費者のニーズや意向に依存する。

事業戦略作成への適用という観点から見ると、ゲーム理論は、正しい戦略を見つけ正しい意思決定を行うという問題に焦点をあてる[20)]。戦略を考える視点として、事業に関係するプレイヤー、付加価値、ルール、戦術、範囲を取りあげている。これらの考え方は戦略的場面で活用できるが、戦術的な場面でも活用できる。

〈プレイヤーについて〉

事業に関係するプライヤーは、自社以外に４つに分類することができる。顧客、生産要素の供給者、競争相手、補完的生産者である。補完的生産者とは、自社以外のプレイヤーの製品を顧客が所有したときに、それを所有していないときよりも自社の製品の顧客にとっての価値が増加する場合、そのプレイヤーをいう。すなわち、顧客が自社の製品の価値を高めるために、他に購入しているものがある場合、それを生産しているプレイヤーのことである。そして、競争相手とは、補完的生産者の逆のことを意味するとしている。

これに関する望ましい戦略として、顧客を増やすこと、供給者を増やすこと、補完的生産者を増やすことが考えられ、場合によっては競争相手を増やすこともありうる。顧客を増やすため、市場を育てる、報酬を支払って顧客となってもらう、自分自身が顧客となることが考えられる。補完的生産者を増やすため、顧客の利益のために買い手間で結託する、報酬を支払って参入してもらう、自分自身が補完的生産者となることが考えられる。競争相手については、少ない場合問題は起きないが、多すぎると問題が起きて、どちらかというと競争相手は少ないほうがよいと考えがちである。

〈付加価値について〉

付加価値とは、あるプレイヤーが、市場に参入するときに持ち込む価値の量を表す。あるプレイヤーが持ち込んだ以上の価値を得ようとすると、他のプレイヤーは当該プレイヤーがいないときよりも少ない価値しか得られない。したがって、他のプレイヤーはその結果を受け入れることができない。たとえば、自動車の付加価値は膨大である。それでも、ある自動車メーカーの付加価値は、もしその自動車メーカーがいなくなれば、顧客は他の自動車メーカーから自動車を購入できるという意味で、それほど大きくない。アニメにおいては、有名な映画監督の映画作品をアニメ化する需要が高まっていることから、アニメ作家の付加価値を高めている。一方でコンピュータグラフィックスの発展は、逆にアニメ作家の付加価値を小さくしている。

〈ルールについて〉

取引において確立された法や習慣である。市場がうまく機能し、契約が尊重されるように長い時間をかけて改良されてきた。プレイヤーはこれを守らないと排除される。

たとえば、契約において、他のどの競争相手にも引けを取らない価格を提示している限り、自分が顧客と契約を行うことができるということを盛り込むことである。

商談や取引において、慣習、契約、法律等ルールが存在する。たとえば、企業と顧客との契約で、ある顧客を他の顧客よりも不利に扱わないことを保証するという「最優遇条項」の取り決めがある。これは企業よりも顧客にとって有利なように見える。

材料提供法人Xは、チェーンレストンA、スーパーB、食品メーカーCと取引している。XとAの契約では、もしXがBまたはCとの契約でAとの契約よりよい条件で契約すると、自動的にAとの契約においてもそれが適用されるという条項が含まれているとする。こうすると、XはAからの値引き交渉によりパワーをもって交渉することができるようになる。なぜならば、AからXへ値引きの要求に対して、Xは、「当該要求にこたえるとBまたはCからも同様の要求がでてくるので、受け入れられない」と強く主張することができるからである。加えて、Aからすると、がんばって値引き交渉しても、そのメリットをBやCも享受することができるということになり、そもそも値引き交渉をするインセンティブが小さくなる。

〈戦術〉

プレイヤーが持つ認識である。特に交渉において重要となる。

事例を示す。直感的には、大きな生産能力をもつほうが、利益を獲得できると考えがちである。そうであろうか。チェーンレストランXは、ある食材の仕入れ先として、農業法人A社、B社、C社と取引している。チェーンレストランXは、年間１万人の顧客で5,000万円の利益をあげている。材料提供法人（A、B、C法人）は、当該食材について、チェーンレストランXへの出荷によって、5,000万円のうち、３法人で1,200万円の利益を得ている。何らかの事情で、C法人が食材の供給ができなくなったとする。これにより、メニューの提供数を制限したため、チェーンレストランXは、4,000万円の利益にとどまってしまった。それでもチェーンレストランXは、メニューの提供数を確保するため、A法人やB法人から高値あるいはそれまでと同様の値段で食材を購入しようとする。結果的に、チェーンレストランXは自らの利益を減らしてまで仕入れせざるをえない。すなわち、チェーンレストランXの利益が、食材の材料提供法人へ流れていくことになる。これの含意は、過小な生産能力をもつほうが、利益を獲得できるということである。すなわち、利益を獲得できるようにするためには、協調戦略によって過剰な生産能力にならないようにすることが有効となる。このような協調戦略を手助けする手法として、取引契約書における条項記載の工夫をすることがあげられる。チェーンレストランYと食材供給業者D法人とが契約を結ぶとしよう。このとき、チェーンレストランYが、他の食材供給業者に乗り換えようとする場合にはD法人に打診するという条項を盛り込んでおく。こうすることで、D法人は、競合相手が登場しない限り、妥当な価格を維持できる。競合相手からすると、チェーンレストランYと契約しようとすると、その内容がD法人に伝わってしまうので、そもそも割り込むような行動をしようとする競合相手が出現しないのである。

たとえば、料金体系は消費者のニーズに合わせて複雑にしたほうがいいだろうか。複雑な価格体系のメリットは、高価格を隠すことができること、便利な価格設定のように見せかけることができること、イメージを維持するため低価格をも隠すことができること、比較を困難にすることである。一方でデメリットは、管理費用を高めること、顧客を混乱させること、競争相手の価格引き下げを可能にしてしまうことである。

たとえば、顧客から信頼を得ることではどうだろうか。ある企業は、給与体系で固定給は低く能力給を高く設定した。これによって、能力に自信のある社員を採用しようとしていることがわかる。すなわち、能力に自信のある社員しか応募してこないのである。顧客から信頼を確立するため、良い商品を持っている場合、結果に応じた支払い契約に応じる、補償を提供する、無料使用期間を設ける、宣伝を大々的に行うことが考えられる。

たとえば、売り手と買い手の合意を得る方法として、仲介者を仲立ちとする方法がある。売り手は自分が望む価格を買い手に知られないように仲介者に告げる。買い手も同様にして自分の望む価格を仲介者に告げる。仲介者は、買い手の告げた価格が売り手の告げた価格より高い場合、双方の価格の中間値で価格を決定し双方に告げる。そうでない場合、仲介者は、売り手の価格が高かったことのみを双方に伝える。この後、さらに同様の価格の提示を続ける。

〈範囲〉

新規分野へ挑戦して付加価値を得るにはどうしたらよいか。新規参入に際して、既存の企業は、自らの付加価値に影響がない時点までは、新規参入者を無視する。新規参入が、既存企業の強みを弱くするための方法は次のとおりである。新規参入者は、既存企業の製品市場を小さくすることを避けるため新製品の価格を十分高くする。これによって、既存企業は価格競争に挑もうとしなくなる。いくらか失敗する可能性のある製品にかける。なぜなら、既存企業は失敗によるブランドの失墜を恐れるからである。

供給者との契約について考える。自社が付加価値を多く持っている状況では長期契約を結ぶべきであり、そうでない場合、短期契約にすべきである。前者の場合、供給者は契約のチャンスが減るため、契約遂行に熱心になる。後者の場合、供給者は長期契約の獲得を巡って競争が激しくなるので、力関係を維持できる。

（3）ブランドマネジメント

モノ不足の時代であれば、企業は製品を作れば売れるが、成熟社会では、企業は製品の選択肢が多い中で自社の製品を消費者に選んでもらわなければならない。しかし、一方では企業間の製品の差別化が困難となり、同質化が進んで価格競争に陥る。これを回避するため、自社の製品と他社の製品を識別する必要が生じ、ここでブランドが登場してきた。

農業法人リスクアンケート（2.3（1）参照）では、「ブランド戦略」や「顧客対応トラブル」に対するリスク重要認識割合が比較的高かった。これらは、顧客との関係に関するリスクであり、これに対応するためには、顧客からの支持が重要なポイントとなる。顧客から支持を得るためには、顧客に提供する価値を明確にする、すなわち顧客と良好な関係を構築する必要がある。ここで顧客との関係を強固にする役割を果たすのがブランドである。

ブランドの定義は多様であるが、戦略的な取り組みで共通して言えるのは、同質化が進むことに抗って、製品の機能面と感性面の独自性を追求することである。すなわち、消費者に提供する価値の強化について検討しなければならない。ブランドマネジメントについては、一般的にブランド構築からブランド維持の一連の流れで行われる。ここでブランド構築の観点からは競争戦略に含まれ、ブランド維持の観点からはリスク対応戦略に含まれる。農産物の場合、古くから地域で生産されてきたものや加工されてきたものがあるが、これらがブランドとして認知されるようになるためにはマーケティング活動が求められる。

農産物のブランド維持においては、多くの場合、地域的な取り組みが求められる。ブランド維持では、このための仕組みが必要である。工業製品の場合、企業名や製品名・商品名がブランドとなるため積極的なブランド構築が行われることが多いが、農産物の場合、歴史や伝統、文化を反映した地域名を入れたブランドが多いため、地域全体での取り組みとなることが多い[21]。たとえば、鹿児島黒豚、京野菜、九条ネギ、下仁田ねぎ、博多万能ねぎ、加賀野菜、たっこにんにく、神戸牛、松坂牛、市田柿、魚沼産コシヒカリなど数多くの事例がある。ここではブランドを維持すること、すなわちブランド価値が失墜しないようリスク管理することが重要となる。このための一般的な仕組みとして、ブランド推進協議会等が品質基準を決め、これを満たしたものだけに認証マークを貼付することが行われている。あるいは農林水産省による地理的表示保護制度を利用することが有効との見解がある[22]。農業法人としては、地域の取り組みのメンバーとしてブランド品を出荷する場合、品質基準を満たすことが求められる。たとえば、新家青果では、(スローガン)「淡路島のたまねぎを守ろう」世界に通用する淡路島たまねぎのブランディング、こと京都では冷凍京野菜事業への参入による九条ネギや京野菜の消費拡大、を全社戦略としている。

農業法人においては、新規にブランド構築を行おうとする場合、自社独自の差別化に基づく戦略を反映できる観点から、その対象は、生鮮農産物より加工食品のほうが適合する。工業製品と同様に、法人名や加工食品名のブランド化に取り組む。ブランド化に関する議論はマーケティングの一分野として行われてきた[23]。ブランドはマーケティングの手段でもあり、結果でもあり、起点でもある。競争戦略の面から見ると、ブランド構築はマーケティングの起点として位置付けられる。多くの農業法人は規模が小さいので、対象とする顧客を絞った上でブランド化に取り組むこととなる。ここでは、競争戦略の考え方を適用することができる。たとえば、ファイブフォース分析、ブルー・オーシャンを生み出すためのバリュー・イノベーションに基づくSPの観点から、機能面と感性面から見て独自性のあるブランドを構築する。加工食品について、機能面の検討項目として、賞味期間、保存方法、重さ、色、糖度、含有栄養素といった客観的に比較できる属性があげられる。感性面の検討項目として、ストーリー性、五感（視覚、聴覚、臭覚、味覚、触覚）に感じられるもの、連想性といった客観的に比較しにくい属性があげられる。

2.4　ダイナミック・ケイパビリティ戦略

現代は、グローバル化やインターネット普及によって、経済環境の変化が激しい時代である。このような変化の激しい時代において、長期的な競争優位を獲得することはますます困難になる。企業は、特定の資源やケイパビリティに固執すると時代の変化に適応できなくなる。バリューチェーン、ファイブフォース、資源ベース、効率化を追求するケイパビリティ、コア・コンピテンスという分析による結果は、短期間しか通用しない。

このような問題意識のもとで、「ダイナミック・ケイパビリティ論」が登場した[24)]。経営者の能力に着目して、「感知」「捕捉」「変容」が重要であるとした。「感知」とは、事業が直面する変化を感知すること、「捕捉」とは、脅威をかわすため既存の事業や資源を再編成･再構成すること、「変容」とは、企業内外の資産や知識をシステム統合することである。社会の変化に対応するために、既存の資源を再編成・再構成するという自己変革能力を保有することで、変革に伴う取引コストや機会コストを節約しようとするものである。ここで、取引コストとは、財の売買においてその売買料金だけではなく、取引先を決定するために必要となる与信、契約、モニタリングといった料金以外にかかるコストを指す。たとえば、新たな取引先がより低い料金を提示してきても、それだけで当該取引先と契約が成立するとは限らないことを説明する。機会コストとは、将来得られるであろう利益を失うことを指す。たとえば、小売店で、ある商品の仕入れ量が少なかったため、当該商品の売れ行きが良くても棚に並べられない場合、もしあったら売れているであろう収入がこれに該当する。あるいは、安定的に売れている商品を廃止して新規商品を投入する場合、前者の商品をそのまま販売していれば得られるであろう収入のことを指す。

ここで、既存の資源を再編成・再構成するためには、協力企業を巻き込んで、内外の資源を活用し、結合させることが有効であるとする。協調戦略か競争戦略かという二者択一ではなく、協調戦略を有効に活用した上で競争戦略を構築していくことの有効性が強調される。

課題として、経営者の能力に依存せざるをえないことがあげられる。スタートアップ以外の企業では、一般的に従業員は安定を好むので、大きな変革に抵抗を示す。すなわち、急激な外部環境変化に対応して内部資源を大きく変容させるためには、その方向に従業員を誘導するリーダーシップが不可欠である。リーダー（トップ、あるいは経営者）は、変化を感知した上で方向性を示し、その達成に向けて従業員を導いていくことが求められる。ダイナミック・ケイパビリティ戦略では、事業が直面する変化を感知することが必要としているが、環境変化は等しく降り注いでくる中で、自分だけが誰も気づいていない新しい環境変化に気づくことは非常に困難であるという見解もある[25)]。

注

1）菊地康也（2008）「実践SCMサプライチェーンマネジメントの基礎知識」税務経理協会
2）門間敏幸編著（2009）「日本の新しい農業経営の展望―ネットワーク型農業経営組織の評価―」農林統計出版
3）鈴村源太郎（2010）「農業法人における経営展開と企業間連携の実態」、『農業経営研究』48（2）、71-76.
4）日本農業普及学会編（2020）「農家・農村との協働とは何か」農文協
5）門間（2009）による。2006年に実施されたアンケートに基づいている。
6）ジョアン・マグレッタ、櫻井裕子訳（2012）「マイケル・ポーターの競争戦略」早川書房
7）伊藤雅之（2018）「農産物販売におけるネット活用戦略」筑波書房
8）W･チャン･キム、レネ･モボルニュ、入山章栄（監訳）、有賀裕子（訳）（2015）「［新版］ブルー・オーシャン戦略―競争のない世界を創造する」ダイヤモンド社
9）リチャード・A・ダベニー、東方雅美訳「脱「コモディティ化」の競争戦略」中央経済社
10）内田和成（2009）「異業種競争戦略」日本経済新聞出版社
11）ジェイ B. バーニー、岡田正大訳（2003）「企業戦略論　基本編」ダイヤモンド社

12) 河合忠彦（2012)「ダイナミック競争戦略論・入門」有斐閣
13) C・K・プラハラード、ベンカト・ラマスワミ、有賀裕子（訳）(2013)「コ・イノベーション経営：価値共創の未来に向けて」東洋経済新報社
14) 楠木建（2010)「ストーリーとしての競争戦略」東洋経済新報社
15) 三菱総合研究所実践的リスクマネジメント研究会編著（2010)「リスクマネジメントの実践ガイド」日本規格協会
16) 天野哲郎（2000)「農業経営のリスクマネジメント―畑作・露地野菜作経営を対象として―」農林統計協会
17) 前川寛編著（2007)「農家のためのリスクマネジメント」家の光協会
18) 南石晃明（2011)「農業におけるリスクと情報のマネジメント」農林統計出版
19) 岡田章（2014)「ゲーム理論・入門　新版―人間社会の理解のために」有斐閣
20) アダム・ブランデンバーガー、バリー・ネイルバフ、嶋津祐一、東田啓作訳(2003)「ゲーム理論で勝つ経営：競争と協調のコーペティション戦略」日本経済新聞出版
21) 藤島廣二・中島寛爾編著（2009)「実践・農産物地域ブランド化戦略」筑波書房
22) 上原征彦編著（2015)「農業経営」丸善出版
23) 青木幸弘、新倉貴士、佐々木壮太郎、松下光司（2012)「消費者行動論--マーケティングとブランド構築への応用」有斐閣
24) 菊澤研宗（2019)「成功する日本企業には「共通の本質」がある　ダイナミック・ケイパビリティの経営学」朝日新聞出版
25) 楠木（2010）より。

第3章

個別戦略―マーケティング戦略

マーケティング戦略は、業務戦略のひとつであり、成熟社会においては企業にとって重要性は高い。基本的な考え方は戦略的マーケティングであるが、そのあり方は社会経済の変化とともに変遷してきている。

農業法人のマーケティング活動の事例を紹介・整理するとともに、マーケティング戦略の特性を述べる。これを踏まえて、農業法人におけるマーケティング戦略の要素として、取り組み事業の選択、販売チャネルの選択、インターネットの活用を特定する。

3.1　マーケティング戦略の概要

(1) マーケティングとは

「マーケティング」は、「財およびサービスの生産者と消費者の間の空間（時間を含む）、知覚、所有、価値および製品空間の各次元における潜在的市場関係を顕在化させるのに寄与するあらゆる活動」と定義される[1)]。平易にいえば、企業は財やサービスを消費者に供給し、消費者はそれらを購入し消費するが、この間にあるギャップを埋めるのがマーケティングである。企業が供給する財やサービスすべてが消費者に消費されるという状況は、企業にとっても消費者にとっても望ましい方向であるが、現実には、利用されなかったり、廃棄されてしまう財が存在する。マーケティングはこのギャップをできるだけ埋めようとする活動といえる。

企業が市場に対して持つべき基本的考え方であるマーケティング・コンセプトは、変遷してきている[2)]。プロダクト志向、セリング志向、顧客志向、社会志向へと変化してきている。プロダクト志向は、モノ不足の時代における商品ありきの考え方であり、需要サイドをあまり考慮しない。セリング志向は、生産能力が充実してきた後、商品を消費者へ売り込む仕組みを作ろうとする、いわゆる営業志向、競争志向である。顧客志向は、成熟社会において個別化する消費者のニーズに対応していこうとするものである。社会志向は、よりよい成熟社会を目指して、社会の一員としてのあるいは地球環境の一員としての役割を果たそうとするものである。

（2）マーケティング戦略とは

「マーケティング戦略」とは、自社にとってよりよいマーケティングを行うための指針や方策を指す。成熟社会におけるマーケティング戦略においては、企業における顧客志向の流れを踏まえて、顧客特性を考慮する重要性が高まってきた。マーケティング戦略を作成するときには、自社のコントロール条件と顧客特性の両方を加味しなければならない。

歴史的に見ると、アメリカのマーケティング学者マッカーシーは、1960年にマーケティング戦略上のフレームワークとして、4P、すなわち「Product（製品）」、「Price（価格）」、「Promotion（プロモーション）」、「Place（流通経路立地）」を提唱した。この考え方は、「マーケティングの4P」として現在でも活用されている。また、ターゲット顧客を決めて、そのニーズに応えられるよう4Pの調整やバランスを図ることをマーケティング・ミックスという。

この考え方に従う場合、マーケティング戦略では、各SBU（Strategic Business Unit、戦略的事業単位）の事業領域や成長過程を検討し、それを構成する製品ラインや個々の品目等に割り当てることとなる。ここで、SBUとは、企業が多角化を検討する際に、同一の事業戦略や製品ごとに区分して、ひとつのまとまりとみなすことが望ましい事業単位をさすものである。たとえば、農業法人が、米と野菜を生産しているとする。そして成長を目指した新たな取り組み事業として、米粉、あるいは漬物を検討する場合、生食事業部と加工事業部がそれぞれひとつのSBUとなる。あるいは、農業法人が米生産と米粉製造に取り組んでおり、成長を目指して野菜の栽培とそれを活用した漬物製造を検討する場合、米事業部と野菜事業部がそれぞれひとつのSBUとなる。

SBU単位でPPMやSWOT分析、BSC分析を行うこととなるが、ここで、各SBUは企業全体のブランドや他企業との競争条件との関連性を有するので、SBUのマーケティング戦略作成でSBUごとにブランド評価や競争条件の評価が異なってしまう可能性がある。

これに対して、1980年代に登場した戦略的マーケティングとは、市場環境や競争環境を踏まえて、全社レベルでのドメインの定義、資源展開の決定、競争戦略の決定、事業システムの決定が行われるので、これに従ってマーケティング戦略を作成するものである。戦略的マーケティングとは、このように全社戦略と整合性がとれるように、あるいは全社戦略に従って作成されたマーケティング戦略のことをさす。本書では、第１章で述べた通り、戦略的マーケティングを対象とする。

（３）STPと4P

マーケティング研究の第一人者といわれるフィリップ・コトラーは、インターネットの普及、グローバル化、新技術の発展による社会の変化を踏まえて、マーケティングでは、製品中心から顧客中心へという顧客価値創造が重要になると提唱した[3)]。具体的には、顧客中心を貫く、顧客価値と顧客満足を重んじる、顧客要望に合った流通チャネルを築く、マーケティング・スコアカード（顧客満足度、離反率、品質比較など）を活かす、顧客生涯価値から利益を生み出すことが重要とした。

これに従えば、マーケティング戦略を作成するときには、4Pで示される自社のコントロール条件に加えて顧客特性も加味することとなる。手順としては、STP（セグメンテーション、ターゲティング、ポジショニング）を踏まえて、4Pを検討するという流れである。マーケティング・リサーチに基づいて、類似したニーズをもつ消費者グループを発見する（セグメンテーション）。複数のセグメントが存在する場合には、どのセグメントの消費者に狙いを定めるかを決める（ターゲティング）。狙いを定めた消費者に対して自社の製品の価値を他社のそれよりも高く評価してもらうための特性を決める（ポジショニング）。このような作業のあと、これと整合性のとれる形で、4Pで示される自社のコントロール条件を決めていくという流れになる。

青果物を生産している農業法人についてあてはめてみる。生産においては自然条件や気象条件等によって生産量や収穫物の品質が不安定になりやすい。顧客中心のマーケティング戦略を作成してもそのとおりに生産できないことが往々にして起こる。すなわち、規格外品や想定外の収穫物が一定量発生することを念頭におかなければならない。戦略的マーケティングでは、全社戦略に基づいてマーケティング戦略を作成するが、このマーケティング戦略の作成においては、多様な収穫物を想定しておく必要がある。たとえば、トマトでは、平均糖度11度の高級フルーツトマト、平均糖度９度のフルーツトマト、平均糖度８度以下のトマト、糖度はあるが傷やヘタどれのアウトレットトマト、といった分類別に顧客を想定する。このような場合、農業法人では、STPを決定してから4Pを検討するという流れを採用しにくい。

農業法人においては、まずSTPを実施し、それを踏まえて4Pを検討するという直線的な流れを想定しにくい。STPと4Pは、どちらが先でどちらが後というよりも、それぞれがフィードバックしながら決定されることとなる。農産物の場合、工業製品と異なり、地域の自然条件、気象条件、風土、生活様式など地域特有の条件によってその生産物が多様であり特徴付けされる。また、加工食品についても、地元資源を活用することが多い。したがって、どちらかといえば、4Pを検討してからSTPを検討する手順となることが多い。

（４）インターネットとマーケティング戦略

2000年代に入り、インターネット活用はますます高度化し、スマートフォンとともにSNSが社会へ急速に普及した。SNSは、価値共創の実践に有効なツールである。ここで価値共創とは、企業は生産活動、消費者は消費活動を行って価値を創出するという考え方ではなく、消費者も価値を定義したり、創造したりするプロセスにかかわるという考え方である[4)]。もともとマーケティングとは、財やサービスを通じて企業から消費者へ働きかけていくプロセスに関わる活動であることから考えると、マーケティングにおけるSNSの果たす役割は大きいといえよう。フードシステムとして見ると、消費者は食品を消費した後に、SNSを活用して評価しあったり、レシピを投稿したりといった行動を起こすことがある。すなわち、フードシステムの最終段階は、食品を食べることや廃棄することではなく、その後の満足度評価であったり、評判であったりというコミュニケーション活動まで含めなければならない。このようなコミュニケーション情報が、生産者と消費者との間の隔たりを縮めていく可能性がある。生産者にとっては、消費者に関する情報を入手するためマーケティング・リサーチを実施することの必要性が小さくなる。

フィリップ・コトラーは、消費者の行動変化や態度変容によってマーケティングは変化するとして、価値主導のマーケティングを提唱した[5)]。消費者の意識が協働的、文化的、精神的になるにつれて、それに対応したマーケティングが求められる。協働マーケティングでは、SNS上の評判が決定的な影響力を持つとして、そこでの製品管理が重要と指摘する。文化的マーケティングでは、自社のミッションに社会的課題や環境的課題の解決を埋め込みそれを消費者に理解してもらうことである。精神的マーケティングでは、消費者の不安や欲求を理解した上で、その感覚や感情を考慮して、ブランドのアイデンティティ（ユニークなポジション）とインテグリティ（消費者から信頼してもらうこと）、イメージ（消費者の感情に訴えること）を重視する。

その後、STP（セグメンテーション、ターゲティング、ポジショニング）は、IoT、AI、ビッグデータといった情報環境の高度化によって変化せざるをえないと述べた[6)]。セグメンテーションとターゲティングについて、顧客は自らの意思で参画するSNSコミュニティにおいて横のつながりを持っており、従来のセグメント化手法では決められないとする。ポジショニングについては、顧客はSNSが有する透明性によってそのブランドを評価・審査することができるので、企業サイドは、自身のブランド・ポジショニングについてSNSコミュニティの合意を得る必要がある。顧客が製品やサービスのブランドを評価する道筋（認知、訴求、調査、行動、推奨）においてSNSコミュニティが重要な役割を果たす。すなわち、この道筋はオムニチャネルで実現されるが、そこにおけるタッチ・ポイントの改善が重要である。

さらに、AI、自然言語処理、センサー技術、ロボティクス、AR（拡張現実)、VR（仮想現実)、ブロックチェーン等の技術を利用したデジタル空間、リアル社会、そのいずれにおいても、顧客体験の満足度を向上させるため、予測マーケティング、コンテクスチュアル・マーケティング、拡張マーケティングを提唱した[7)]。予測マーケティングとはマーケティング活動の結果をあらかじめ予測するプロセスをさす。コンテクスチュアル・マーケティングとは、顧客を識別しプロファイリングした上で、物理的空間でセンサーやデジタル・インターフェイスを活用して顧客にパーソナライズされた交流を提供する活動をさす。拡張マーケティングとは、チャットポッドやバーチャル店員等人間を模倣した技術を利用することをさす。

1980年代に高度情報化社会の到来といわれてから、IT技術の革新に伴って、インターネット、デジタル、IoT、AI、DX、ビッグデータ、デジタル通貨、AR（拡張現実)、VR（仮想現実)、スマートフォン、モバイル機器という言葉が生まれているように、我々を取り巻く情報環境はめまぐるしく変化してきた。これに伴って消費環境やコミュニケーション環境も変化することから、マーケティングのあり方も変化せざるをえない。

（5）マーケティングと食生活

2000年代初頭、消費者は、ネット通販によって、より広い範囲から生鮮品や加工食品を購入することができるようになった。加えて、SNSの普及によって、価値共創の時代が到来しようとしている。このような変化は、フードシステムにおいても例外ではない。価値共創に取り組むためには、供給者サイドは消費者の食生活の特徴について知る必要がある。これまでは、消費者の食生活について直接データを入手することが困難であった[8)]。

農業法人は、JA出荷や卸売市場出荷以外に実需者販売、加工食品製造、通信販売に取り組むとすれば、新たな販売チャネルや加工食品企画を意識したマーケティング戦略を作成する必要がある。購買の場面だけでなく、SNSやAI、ARを活用した消費後の情報流通にも気を配る必要がある。SNSマーケティングについては、代行業者が存在するなど活発に行われている。SNSやAI、ARの普及によって、我々の食生活がどのように変化するのか見通せないところもあるが、その動向に注目しておく必要はあろう。

デジタル社会における今後の消費者の動向はどう変化するだろうか。Z世代と言われる2000年代初頭に生まれた世代は、デジタルネイティブ世代（デジタルがあたりまえにある環境で育った世代）でデジタルを生活向上のためのツールとして自然に受け入れることが可能である。同時に今後食料消費の動向を先導していく世代でもある。一方では、同世代のライフスタイルは、いろいろな面でそれまでの世代から大きく変化したといわれている。この世代は、企業が自分のことを理解してパーソナライズした体験を提供してくれることを期待する。規模の小さい農業法人であれば、顧客と近い関係を構築しやすいことからパーソナルなサービスを実行できる可能性がある。

今後、新技術が我々の生活に大きな影響を及ぼす。小規模な事業においても、消費者の変化に対応して、新技術の活用を検討できる余地が広がる。たとえば、ドローンのビジネス利用が普及すれば、より少量のものをドアツードアで宅配できるようになる。農産物のネット通販において、消費者は圃場の動画を見ながら購入する農産物を選択し、生産者は圃場で収穫したものをその場から購入者へ直接届けることが可能となる。消費者は、生鮮品のネット通販において、画像にあるカタログを見て購入するものを決める。したがって、実際に届くものはカタログに掲載されているものではない。今後は家に居ながらにしてリアル店舗での購入と同じような購入形態が可能となる。

たとえば、消費者は、自由にSNSコミュニティを形成する。企業は、そこでのコミュニケーション情報を新企画に活かすことができる。

たとえば、軒先販売や庭先販売のような無人店舗販売を行っている事例があるが、これらは小規模で売上は不安定である。今後コンビニの無人店舗化が実用化されていく可能性がある。軒先デジタル店舗や庭先デジタル店舗では、加工食品を含めてもコンビニエンスストアの品揃えに比肩するようになるまでには時間を要するかもしれないが、IoTやスマホ決済を活用して安全性を担保しつつ、仮設形態で設置することで投資コストを回収できる売上を確保できる。

たとえば、直売所の運営においては、日々の売上データを集計・分析することで、効果的な棚割りを検討できる。来店者の個別購入履歴データを分析し、AIを活用して買い物を誘導していくことが可能となる。自然言語処理システムやロボットを使えば、海外からの観光客を受け入れることが可能となる。たとえば、観光農園について、VRやARを用いて、消費者は、もぎ取り体験や草取り体験のサービスを受けることができる。

3.2　農業法人におけるマーケティングの実践

（1）フードシステムからみたマーケティング

農業法人は、自身の流通チャネルを市場流通とする場合、JAや卸売市場に委託出荷する。その後、荷受け団体がスーパーや外食・中食企業等へ販売し、さらにこれら企業は消費者へ販売あるいはサービス提供する。一方で、農業法人が、契約取引等によって実需者販売する、あるいは直売所やネット販売等で消費者直販をする、加工食品製造をする場合などにおいては、顧客のニーズを明確にし、それに適合しなければならない。後者の市場外流通に取り組む農業法人は、自らが主体となってマーケティング活動を行う必要がある。

食品の生産から流通までの流れを大まかに見ると、生産段階⇒加工・製造段階⇒流通段階⇒消費段階である。生産段階から流通段階、生産段階から消費段階へという直接的な流れもある。農業法人は、自らの生産物を、加工・製造企業へ、あるいは卸売市場・集出荷業者・スーパー・外食・中食業者へ、消費者へ、それぞれ販売することができる。

農業法人は、生産以外に様々な事業に取り組むことが多い。筆者の研究室が行った事業選択アンケート（詳細は7.1参照）によると、現在取り組んでいる事業では、「農産物栽培・生産」98.1％、「農作業受託」44.9％、「加工事業」39.3％、「カタログ販売やネット販売」35.2％、「実需者販売」30.3％があげられていた。今後新規に取り組みたい、あるいは充実させたい事業では、「農産物栽培・生産」66.3％、「カタログ販売やネット販売」35.0％、「加工事業」33.3％、「直売所販売」27.2％、「実需者販売」20.4％があげられていた。特に今後注力する事業として、直接販売や加工事業があげられていることは注目すべきである。これら事業においては、新たな販売チャネルの開拓が求められ、このためにはマーケティング活動の充実が欠かせない。

（2）マーケティングの実践例

多くの農業法人は、複数の販売チャネルを使い分けており、大きくは実需者（事業者）向けと消費者向けに分けられる。

販売チャネルが実需者（事業者）向けのみの農業法人のマーケティング実践例を見てみる[9)]。農業法人である（有）トップリバーのマーケティングの特徴として、4Pに対応して次のとおり整理されている。製品戦略では販売先のニーズに応える。価格戦略では商品価値に見合った適正な価格形成をする。プロモーション戦略では人的販売を積極展開する。流通経路立地戦略では契約取引を中心とする。戦略的マーケティングの観点からみれば、全社戦略は「儲かる農業」としており、これを受けて前述4P戦略が構築されている。園芸専門農協である茨城中央園芸農業協同組合のマーケティングの特徴として、SBU別（生鮮野菜、加工食品）に次のとおり整理されている。事業者向け生鮮野菜については、製品戦略では契約の順守、収穫･出荷期間の長期化･計画化、品質の改善を図る。価格戦略では当該農協が間に入って組合員への支払価格調整と販売先企業への販売価格調整を行い、シーズン中はその価格を固定する。プロモーション戦略では生産者、販売先、当該農協が一緒になって圃場を視察する。流通経路立地戦略では冷蔵倉庫を所有する中間業者を介して納品している。加工食品（冷凍野菜と冷凍調理野菜）については、製品戦略では取り扱う品目を多種とし、原材料は地元産の野菜とする。価格戦略では当該農協が間に入って組合員への支払価格調整と販売先企業への販売価格調整を行い、シーズン中はその価格を固定する。プロモーション戦略では中間業者や業務用需要者と生産工程の視察等を通して信頼関係を醸成する、業務用需要者のニーズを取り入れる。流通経路立地戦略では中間業者や食品問屋を介して業務用需要者（外食店、ホテル等）へ納品している。戦略的マーケティングの観点からみれば、全社戦略は「加工や外食・中食等の業務用需要への対応」である。

販売チャネルが企業（事業者）向けと消費者向けの実践例を見てみる。JAひまわりは、卸売市場向け出荷（市場流通）と消費者向け販売（直売所）を同時に実施している。製品戦略では、規格品は卸売市場向け出荷、規格にこだわらないものは直売所販売とする。価格戦略では、直売所販売においては生産者が価格を決める。プロモーション戦略では、直売所販売において安さと新鮮さを訴求する。流通経路立地戦略では卸売市場出荷とする。戦略的マーケティングの観点からみれば、全社戦略は「組合員を含めて地域住民に親しまれる開かれた農協」である。

ネット販売による消費者直販の事例を見てみる[10)]。多くの農業法人は、ネット販売を複数の販売チャネルのうちのひとつとして位置付けている。有機JAS認証されたカボスを販売している事例がある。製品戦略では、有機栽培であることとする。価格戦略では、有機栽培によるプレミアム価格を設定している。プロモーション戦略では、アクセスしやすいホームページを心がけている。流通経路立地戦略では、ネット販売以外に全体の７割は事業者へ加工用として販売している。戦略的マーケティングの観点からみれば、全社戦略は「有機食品に興味のある消費者のニーズを満たすこと」である。

消費者直販の事例として、規模の大きい農業法人であれば、圃場等に農産物直売所を設置することが可能である。道の駅やJA運営の農産物直売所では、周辺の農家が出荷する例が多い[11]ので、農業法人運営の農産物直売所でも地元農家の出荷を受け入れてもいいかもしれない。製品戦略では、自法人が生産している農産物を取り扱う。もし地元の農家等からの出荷を受け入れるのであれば、新鮮さをアピールできるものとする。価格戦略では、スーパーと比べて割安感を感じることができる適正価格とする。プロモーション戦略では、お店において地元らしさ、農家らしさ、地元密着を演出する。流通経路立地戦略では、品揃えのための他地域からの仕入れは可とするが、目立たないようにする。

2011年に「六次産業化法」が施行されてから、農業法人等による6次産業化への取り組みは活発に行われている。そこで、それらの事例からマーケティング活動に関係する部分を整理する[12]。

グリーン日吉は、黒豆大豆の加工食品を製造している。20品目にわたる加工食品を製造する加工工場を所有し、併設して販売店舗がある。製品戦略では、加工食品の商品開発において大学との産学連携をしている。若い世代に受け入れられる商品を開発しようとプランニング、包材、ネーミングでは大学と共同で行った。プロモーション戦略では、京都市や東京都でイベントを開催する。各種イベントや展示会、商談会へ積極的に参加している。「京都」の名称を活用する。流通経路立地戦略では、工場併設の店舗以外に、道の駅、農産物直売所、百貨店などで販売している。

武田屋は、みかんの生産、加工、直販、契約取引を行っている。製品戦略では、栽培における減農薬無化学肥料による特別栽培を行っている。居酒屋の飲み物に使う青絞りへの需要に対応するよう出荷時期を調整している。加工ではカットフルーツ、ゼリーなどを製造している。価格戦略では、生産・加工・販売の一元化を通じて価格決定権を確保する。プロモーション戦略では、取引先へ出向き需要側の意向をくみ取る。取引先の園地視察を受け入れる。流通経路立地戦略では、客層の拡大のためネット通販では個人客に送料一律とする。

あいす工房らいらっくは、ジャージー牛によるジェラード製造を行っている。製品戦略では、ジェラードに絞ったのは、その消費層が幅広く、製品の差別化もしやすいことによる。社長自ら独自のジェラード製造を追求した。プロモーション戦略では、展示会やイベントに参加する。流通経路立地戦略では、近隣の商圏が小さいためネット販売に注力した。

日笠農産は、養豚と直売所、レストランを運営している。直売所は近隣の主婦や農家世帯を、レストランは女性や若い世代をターゲットにする。プロモーションでは、直売所とレストランにおいて消費者ニーズを聞き取っている。流通経路立地戦略では、肥育豚を食肉処理センターでと畜解体してもらい枝肉で持ち帰っている。その内訳は、直売所販売60％、レストランの食材利用15％、宅配15％、卸会社販売10％としている。

大規模な農業法人の事例を見てみる[13)]。

鈴生は、レタスと枝豆を生産しており、外食企業にレタスを大量に納品している。製品戦略では、販売ターゲットを決めてそこのニーズを満たす。自分が作りたいものをつくるのではなく顧客が欲しいものを作る。プロモーション戦略では、自法人からお店に出向いていったり、お店の人に畑に来てもらったりすることで、理念を共有する。流通経路立地戦略では、物流が課題であるので、これに関して交渉に応じてくれる顧客と取り引きする。

サラダボウルは、ミニトマトをはじめとした野菜を生産している。農作業受託をしている。スーパーを中心に販売している。製品戦略では、南アルプス山系の天然水で育ったトマトであることとする。品目や品種はマーケティング・リサーチに基づいて決定する。価格戦略では、安くすることは考えず、価値を生み出してそれに応じた対価を得るという考え方である。プロモーション戦略では、顧客企業と一緒に課題に取り組んでいく姿勢を示す。

舞台ファームは、米や野菜の生産、加工、販売を行っている。加工では、キャベツやレタスなどをカットしコンビニやスーパーに出荷している。製造戦略では、差別化にこだわらない。安さを追求せず、食べ方や楽しみ方を提案する需要創造型の商品開発を行う。価格戦略では、対価を追求するということではなく共同事業として相手先と知恵を出し合うことにしている。流通経路立地戦略では、自法人内に物流機能を持つことで、物流コスト削減をめざす。

こと京都は、九条ねぎの生産・加工（冷凍野菜など）を行っている。製造戦略では、安定供給を守り（多めに作付けする）、原種に近い品種だけで生産する。消費拡大のため日持ちするよう冷凍野菜とする。加工では、カットねぎ、粉末ねぎ、乾燥ねぎ、チップねぎなどで消費拡大をめざす。価格戦略では、ブランド力を向上させて単価を上げる。重さ単位ではなく、メニュー単位での単価設定とする。実需者販売でも、小売価格を意識した価格設定とする。安ければいいという相手とは取り引きしない。プロモーション戦略では、京都ブランドの強みを活かす。展示会へ出店する。

六星は、米の生産、餅や弁当などの加工に取り組む。直売店で販売する。プロモーション戦略では、「加賀百万石」ブランドが有効である。消費者に信頼してもらう。顧客層を少しずつ広げていく。たとえば、女性向けであればネーミングやパッケージを工夫する。流通経路立地戦略では、実需者販売だけに頼ると、相手先から取り引きを止められるとどうしようもなくなるので、消費者販売が必要である。倉庫は賃貸とする。

早和果樹園は、みかんの露地栽培、ジュースやジャム、ゼリーなどの加工に取り組んでいる。直売所を運営している。製造戦略では、新たな種苗を開発する。加工では皮や袋も活用する。高級を追求した加工食品はそれなりに売れるが市場は小さい。市場の大きい普及加工食品にも取り組む。価格戦略では、加工業者への原料供給では利益がでない状況である。プロモーション戦略では、「有田みかん」ブランドを活用する。全国各地の観光地で試食販売をする。展示会へ出品する。流通経路立地戦略では、遠隔地の消費者の需要に応えるためネット販売をする。

（3）マーケティング戦略作成への示唆

マーケティング戦略を作成するためには、どのような戦略をどのように作成するか、について検討しなければならない。ここで、どのような戦略とするかについて、農業法人は、多様な事業に取り組んでいることを背景に、それに応じて創意工夫したマーケティングを実践している（以下「戦略内容」という）。これら戦略内容について、マーケティング戦略における検討項目である4Pごとに農産物と加工食品別、実需者販売と消費者直販別に整理したのが**表3-1**である。農業法人は、マーケティングの戦略内容を検討する際、同表を参考にできる。

農産物と加工食品別、実需者販売と消費者直販別に、マーケティング活動で考慮している内容を網羅的に整理すると次のとおりである。農産物の実需者販売では、製品戦略において、栽培方法、地元資源の活用、取引先の要望に対応することを考慮している。価格戦略では、品質に見合った適正な価格の追求、仕組みの特性を活用した価格設定、価格単位（重さあたり価格からの脱皮）を考慮している。プロモーション戦略では、人的販売、取引先との交流、協働意識の醸成を考慮している。流通経路立地戦略では、物流コストや物流体制、出荷先の選定、相手先の経営理念を考慮している。

農産物の消費者直販では、製品戦略において、日持ちさせること、規格を考慮している。価格戦略では、割安感を考慮している。プロモーション戦略では、新鮮さ・地元感・農家らしさのアピール、通販での送料を考慮している。

加工食品の実需者販売では、製品戦略において、取扱品目・品種の多寡、材料へのこだわり、需要創造への貢献を考慮している。価格戦略では、外部仕入れにおけるマージン、価格単位（重さあたり価格からの脱皮）、小売価格との比較を考慮している。プロモーション戦略では、取引先との交流、展示会・商談会・イベントへの参加、確立されているブランドの活用を考慮している。流通経路立地戦略では、相手先の経営理念、流通経路、物流コストを考慮している。

加工食品の消費者直販では、製品戦略において、外部との共同開発、顧客層の広さ、差別化のしやすさ、普及品か希少品か、消費拡大の可能性を考慮している。プロモーション戦略では、自主イベントの開催、地名の活用、消

表 3-1　マーケティング戦略における検討項目

	実需者	消費者	共通
農産物	製品戦略： 取引先のニーズに応える。 契約の順守、収穫・出荷期間の長期化・計画化、品質の改善を図る。 有機栽培・特別栽培である。 要望に応じて出荷時期を調整できる。 地域の特徴（水、地形など）を活用する。 安定供給を守るため多めに作付けする。 原種に近い品種だけで生産する。	製品戦略： 規格品は卸売市場向け出荷、規格にこだわらないものは直売所販売とする。 冷凍技術で日持ちするようにする。	製品戦略： —
	価格戦略： 商品価値に見合った適正な価格形成。 支払価格調整と販売先企業への販売価格との調整を行い、シーズンで価格を固定。 有機栽培によるプレミアム価格を設定。 生産・加工・販売の一元化を通じて価格決定権の確保。 安くすることは考えず、価値を生み出してそれに応じた対価を得るという考え方。 重さ単位でなくメニュー単位での単価設定。	価格戦略： 直売所販売においては生産者が価格を決める。 スーパーと比べて割安感を感じることができる適正価格。	価格戦略： ブランド力を向上させて単価を上げる。 小売価格を意識した価格設定。
	プロモーション戦略： 人的販売を積極展開。 生産者、販売先、当該農協が一緒になって圃場を視察。 取引先へ出向き需要側の意向をくみ取る。 取引先と行き来することで理念を共有する。 顧客企業と一緒に課題に取り組んでいく姿勢を示す。	プロモーション戦略： 直売所販売において安さと新鮮さを訴求。新鮮さをアピール。 地元らしさ、農家らしさ、地元密着を演出。 客層の拡大のためネット通販では個人客に送料一律と設定。	プロモーション戦略： アクセスしやすいホームページ。
	流通経路立地戦略： 契約取引のウエイトを考慮。 出荷調整のため、冷蔵倉庫を所有する。 外部委託を活用して中間業者を介して納品。 物流が課題であるので、これに関して交渉に応じてくれる取引先であること。 安ければいいという相手とは取引しない。	流通経路立地戦略： —	流通経路立地戦略： —

加工食品	製品戦略： 取り扱う品目を多種とすること。 材料は地元産とする。 製品の差別化にこだわらず、それ以外の要因を強調する。 食べ方や楽しみ方を提案する需要創造型の商品開発。	製品戦略： 商品開発において大学との産学連携。 消費層が幅広く、製品の差別化もしやすいこと。 消費拡大をめざす。 高級を追求した加工食品はそれなりに売れるが市場は小さい。市場の大きい普及加工食品にも取り組む。	製品戦略： 実需者販売だけに頼ると、相手先から取引を止められるとどうしようもなくなるので、消費者販売が必要。
	価格戦略： 組合員への支払価格調整と販売先企業への販売価格調整を行い、シーズン中はその価格を固定。 共同事業として相手先と知恵を出し合うこと。 重さ単位ではなくメニュー単位での単価設定。 小売価格を意識した価格設定。	価格戦略： —	価格戦略： —
	プロモーション戦略： 中間業者や業務用需要者と生産工程の視察等を通して信頼関係を醸成。 商談会や展示会、イベントに参加。	プロモーション戦略： イベントを開催する。 各種イベントや展示会へ積極的に参加。訴求力のある地名を活用。 消費者ニーズを聞き取ること。	プロモーション戦略： 確立されたブランドの強みを活かす。 展示会へ出店する。
	流通経路立地戦略： 中間業者や食品問屋を介して業務用需要者（外食店、ホテル等）へ納品。 自法人内に物流機能を持つことで、物流コスト削減。 安ければいいという相手とは取引しない。	流通経路立地戦略： 道の駅、農産物直売所、百貨店などで販売。近隣の商圏が小さいためネット販売に注力。	流通経路立地戦略： 物流機能を内部化するか外部化するか。
顧客	取引先のニーズに応えられること。 若い世代に受け入れられる商品開発。 取引先と物流に関する調整が可能であること。 課題について共同で取り組めること。	顧客層を少しずつ広げていく。 女性向けであればネーミングやパッケージを工夫する。 遠隔地の消費者の需要に応えるためネット販売に取り組む。 消費層が広いこと。 ターゲットは、近隣の主婦や農家世帯。 商圏の大きさを考慮する。	—

費者ニーズの収集、確立されているブランドの活用を考慮している。流通経路立地戦略では、販売場所・販売店、近隣の市場規模を考慮している。

実需者販売におけるターゲティングでは、相手先のニーズに応えられるかどうか、対象とする世代が同じかどうか、物流に関する調整のしやすさ、協働の可能性を考慮している。消費者直販におけるターゲティングでは、顧客層を広げていくこと、女性向けかどうか、居住地や顧客層の広さ、商圏の大きさを考慮している。

それぞれの農業法人は、自らの内部条件や外部条件を踏まえて、戦略内容を検討し、それに沿ってマーケティング活動に取り組んでいる。個々の農業法人は自身の特性や取り組むにあたっての条件が異なるので、うまくいっている法人のマーケティング活動をまねすればうまくいくだろうということはいえない。農業法人には、農産物の実需者販売のみに取り組んでいる場合もあれば、それに加えて加工食品の消費者直販に取り組んでいる場合もあるというように、取り組み事業のパターンによってマーケティング活動は異なってくる。すなわち、マーケティング戦略の作成においては、戦略内容よりもどのようにして作成していくかのほうが重要であると考えられる。そして、マーケティングの戦略内容をどのように作成していけばよいかについては、ポジション思考（第５章）やシステム思考（第６章）を用いた検討手順を経ることとなる。

3.3　農業法人のマーケティング戦略の特徴

（1）農業法人のマーケティング戦略要素とは

マーケティング戦略の要素とは、マーケティング戦略を検討するに際して、重要なポイントとなる課題のことを指す。

農業法人のマーケティングの戦略内容を検討する上で、4Pの視点は重要である。一方で、農業法人は、経営資源の面で制約が大きく、また自然環境や気象条件の影響を受けやすいことから、これらを個々に詳細に考慮することは困難である。それではどのような考え方で絞り込んでいけばよいのだろうか。まず、製品戦略については、農産物はそれぞれの産地における自然条件のもとで品目・品種はほぼ決定・固定されており、行政と連携しながら技術開発や品種改良などは常に行われている。ただし、加工食品についてはその企画や市場化が重要な役割を果たす。次に、価格戦略については、卸売市場価格や小売業の店頭価格があるので、農業法人が独自に裁量できる余地は小さい。実需者販売では包括的な契約取引となる場合が多い。プロモーション戦略については、従来パブリシティや展示会等への参加がメインであり、法人規模から考えてコストをかけてまで広告を継続的にだすにはいたらない。ただし、近年普及してきているSNSを活用したマーケティングの検討の余地はある。流通経路立地戦略については、とくに流通チャネルの選択に関する課題、すなわち流通システム論からの検討が重要と考える。なぜなら、農業法人は、農産物に加えて加工食品を取り扱うとともに、販売先として実需者販売や消費者直販など多様な流通チャネルを用いることが可能だからである。自前で直売所や観光農園を開設する場合、その立地は圃場内になることが多い。以上より、農業法人のマーケティング戦略を検討する上では、流通チャネルを中心に据えた検討が適切である。

農産物の市場流通においては、とくに青果物では卸売市場が重要な役割を果たしている。農産物の市場外流通に位置付けられる実需者販売や消費者直販については、比較的新しい流通チャネルといってよいだろう。農産物の実需者販売では、農業法人と実需者との間の調整・交渉のもとで鮮度保持を重視した物流に関する協議が行われる。農産物の消費者直販では鮮度優位型のファーマーズマーケットや農産物直売所、観光農園、ネット販売など比較的新しい流通チャネルが登場してきている。

加工食品の流通については、実需者販売では食品メーカーや卸売企業、小売企業、外食企業、中食企業が重要な役割を果たしている場合が多い。消費者直販ではファーマーズマーケットや農産物直売所、観光農園、ネット販売など比較的新しい流通チャネルにおける周年供給が可能である。

一般的に、商品の流通チャネルは硬直化しやすく変更しにくいといわれてきた[14)]。その１番目の理由として、流通システムを変更しようとすると、多くの関係者が関わってくるので調整に手間取ることがあげられる。関係者として、取引元（農業法人）と取引先（中間業者、小売業者、卸売業者、食品メーカー、外食・中食企業など）、物流業者（運送業者、倉庫業者など）、流通情報システム業者などがあげられる。２番目の理由として、多くの関係者がいる中で、ひとつの企業内のどの部署がチャネルを管理しているのか不明な場合があることや企業間で物流のウエイトの強弱が異なることである。３番目の理由として、全体をとおしての一気通貫した流れを把握しにくいことである。このため、自社の流通について、現状でうまくいっているので問題ないと考えている企業がいれば、他の問題意識のある企業が変更しようとしても微細な変更以外できないのである。以上の３つの理由から、現状の流通チャネルを変更して望ましい流通チャネルを構築しようとすることは困難となりがちである。ここで、チャネルキャプテン、すなわち上流から下流までの流れを望ましいものにしていくとともにそこで得られた成果を関係者に適切に分配していく主体、が存在することが重要なポイントとなる。今後の農業法人は、規模拡大によって、自らがチャネルキャプテンとなる、あるいはチャネルキャプテンの存在する流通チャネルに参加することで、より望ましい流通チャネルを追求できる可能性がある。

たとえば、スーパーマーケットであるサミット、マルエツ、ヤオコー、ライフコーポレーションは、2023年に企業間の壁を越えた物流の効率化に向けた研究を進める研究会を発足させたことで、加工食品流通等食品流通のチャネルキャプテンを意識していると考えることができる。

（2）農業法人のマーケティング戦略の３要素の特定

マーケティングとは、製品をいかにして販売するか、そしてそれをいかにして消費者に購入してもらうかを検討することである。したがって、その活動は、流通チャネル上で行われる。農業法人は、収穫後の農産物を市場流通

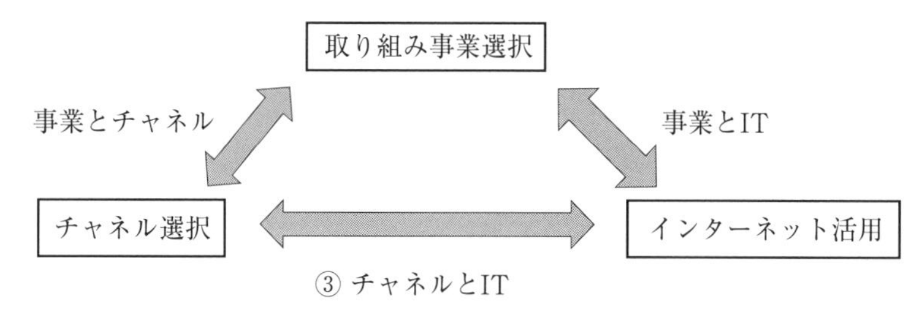

図3-1　マーケティング戦略の要素

に乗せる、あるいはJA出荷するのであれば、マーケティング活動の必要性は小さく、また流通チャネルとの関連を検討する必要性も小さい。しかし、農業法人が、全社戦略やビジョンを持って、その達成のため実需者販売や消費者直販を行うだけの能力を身に付けたいと思うのであれば、流通チャネル上でのマーケティング戦略を検討する必要性は大きい。

流通チャネルの検討は、流通システム論に基づく。流通システム論から農産物や加工食品の流れをみると、その構成要素は、商流・物流・情報流である[15)]。本書では、これらに対応させて農業法人がマーケティング戦略を検討するとき、どのような課題に直面するかを探る。まず、商流の面からは、農業法人がどのような事業に取り組むかを検討する。次に、物流の面からは、農業法人がどの販売チャネルを活用するかを検討する。客体の流れに着目する。販売チャネルは、取り組む事業の内容に応じて検討される。最後に、情報流の面からは、農業法人がインターネットをどのように活用するかを検討する。客体に関する情報活用に着目する。なお。情報活用では、ブランディングや顧客関係マネジメントというプロモーションの領域にも踏み込む。

本書では、農業法人のマーケティング戦略の要素として、取り組み事業の選択、販売チャネルの選択、インターネットの活用の３つをとりあげる（**図3-1**）。

（3）農業法人のマーケティング戦略の特徴

本書では、戦略的マーケティングを検討対象とする。**図1-4**では、全社戦

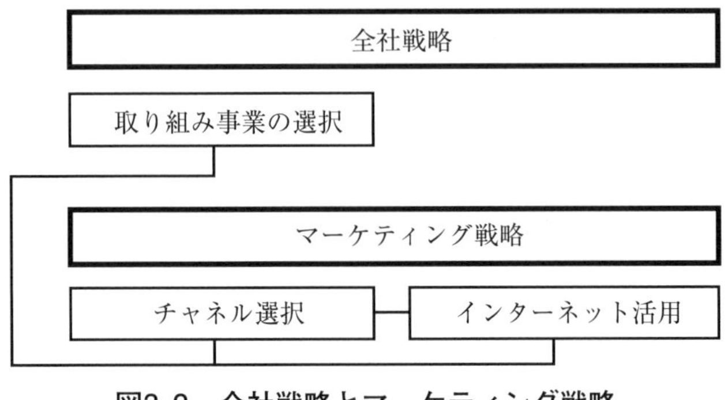

図3-2　全社戦略とマーケティング戦略

略と業務戦略の関係を示したが、これを踏まえて全社戦略とマーケティング戦略におけるマーケティングの要素の位置づけを明確にする。

農業法人の戦略的マーケティングでは、全社戦略において「取り組み事業の選択」について検討し、マーケティング戦略において「チャネル選択」と「インターネット活用」について検討する。ただし、全社戦略とマーケティング戦略は、相互に連携を図りつつ作成していくこととする（**図3-2**）。

農業法人は、マーケティング戦略の作成において、３つの要素の中でどこに重点をおくべきだろうか。これら３つの要素はそれぞれが相互に関連しているので、同時に検討材料とすること、すなわちミックス戦略を検討することは複雑な作業を要する。このため、取り組み事業の選択戦略以外の全社戦略を踏まえるとともに法人の特性や沿革に基づいて、いずれかに重点を絞ることが有効である。たとえば、取り組み事業の選択について重点化か拡大化のどの方向に向かうか、チャネル選択について内製化か外注化か、インターネット活用についてオープン化かクローズ化かはいずれもトレードオフの関係にあるので、いずれかの方向を選択する必要がある。すなわち、農業法人は、３つの要素のうちいずれかひとつを優先的に取り上げてマーケティング戦略の方向性を決定し、その後それ以外の２つの要素を含む全体像の作成に着手すべきである。

農業生産におけるスマート農業の技術革新は進んでいるが、生産物販売におけるIT技術の活用については、他業界と比べて進んでいるとはいいがたい。しかしながら、今後消費者直販や食品加工に力を入れようとするのであれば、IT技術を活用したマーケティングを取り入れることが有効である。IT技術の革新や普及によって、農業法人と消費者との価値共創が盛んになっていくであろうことを勘案すると、マーケティング戦略において、インターネット活用の位置付けは重要なポイントとなる。農業法人は、インターネットを活用し消費者情報を入手することで、消費者直販に取り組まない場合でも、対小売企業、対食品メーカー、対外食・中食企業の取り引きにおいて、より望ましい形で進めていくための有効なパワーを身に付けることができる。

注

１）岡本康雄編著（2003）「現代経営学辞典（三訂版）」同文舘出版
２）日本マーケティング協会編集（1995）「マーケティング・ベーシックス―基礎理論からその応用実践へ向けて」同文舘出版
３）フィリップ・コトラー、ディパック・C・ジェイン、スヴィート・マイアシンシー、有賀裕子（訳）（2002）「コトラー　新・マーケティング原論　HBSシリーズ（Harvard Business School Press）」翔泳社
４）C・K・プラハラード、ベンカト・ラマスワミ、有賀裕子（訳）（2013）「コ・イノベーション経営：価値共創の未来に向けて」東洋経済新報社
５）フィリップ・コトラー、ヘルマワン・カルタジャヤ、イワン・セティアワン、恩藏直人（監訳）、藤井清美（翻訳）（2010）「コトラーのマーケティング3.0」朝日新聞出版
６）フィリップ・コトラー、ヘルマワン・カルタジャヤ、イワン・セティアワン、恩藏直人（監訳）、藤井清美（翻訳）（2017）「コトラーのマーケティング4.0　スマートフォン時代の究極法則」朝日新聞出版
７）フィリップ・コトラー、ヘルマワン・カルタジャヤ、イワン・セティアワン、恩藏直人（監訳）、藤井清美（翻訳）（2022）「コトラーのマーケティング5.0　デジタル・テクノロジー時代の革新戦略」朝日新聞出版
８）たとえば、伊藤雅之（2016）「野菜消費の新潮流―ネット購買と食卓メニューから見る戦略」筑波書房では、消費者の自宅における食事パネルデータを用いて食事メニューの出現頻度等に関する分析を行っている。
９）藤島廣二、宮部和幸、木島実、平尾正之、岩崎邦彦（2016）「フード・マーケティング論」筑波書房
10）伊藤雅之（2018）「農産物販売におけるネット活用戦略―ネット販売を中心と

して―」筑波書房
11）田中満（2010）「まだまだ伸びる農産物直売所―地域とともに歩む直売所経営」農山漁村文化協会
12）高橋信正編著（2013）「「農」の付加価値を高める六次産業化の実践」筑波書房、に基づいて整理した。
13）有限責任監査法人トーマツ・農林水産業ビジネス推進室（2017）「アグリビジネス進化論」プレジデント社、に基づき整理した。
14）V・カストゥーリ・ランガン、小川孔輔（監訳）小川浩孝（訳）（2013）「流通チャネルの転換戦略」ダイヤモンド社
15）藤島廣二、宮部和幸、岩崎邦彦、安部新一（2012）「食料・農産物流通論」筑波書房

第4章

農業法人のマーケティング戦略の３要素

農業法人のマーケティング戦略の要素は、流通システム論における商流・物流・情報流の観点から、取り組み事業の選択、販売チャネルの選択、インターネット活用の３つからなると捉えた。

本章では、３つの要素について、マーケティング戦略を検討するときに考慮すべき事項を整理する。

4.1　戦略の要素—取り組み事業の選択

（1）取り組み事業の分類

多くの場合において農業法人の取り組む事業のベースは農産物生産である。加えて、ジュースやジャム、漬物などの食品加工、カット野菜やドライ野菜などの流通加工に取り組む場合がある。契約栽培によって実需者販売に取り組む場合がある。消費者への直接販売事業では、直売所を開設したり、ネット販売を行う場合がある。サービス事業では、農家レストランや観光農園を運営する場合がある。遊休地になる可能性のある農地において農作業を受託することも一つの事業と捉えることができる。畜産においても、チーズやマーガリン製造、ウインナー製造、牧場でのレストラン経営、直売所経営、観光牧場経営など、さまざまな事業が取り組まれている。

産業分類的には、生産、製造、販売・サービスという分類が理解しやすいが、農業法人が製造や販売・サービスに取り組む場合、生産との関連が強くなる。このため、生産事業、製造・加工事業、販売事業、サービス事業という切り口で分類しても、実際の業務においては適用しにくい。

品目で分類する、たとえば米生産、野菜生産、果実生産という分類方法が可能である。農業法人が生産のみを行っているのであれば、これによる分類は適切である。しかしながら食品加工や直接販売に取り組むとすれば、品目を組み合わせた事業となることもありうるので、この場合には分類しにくい。

農業法人が実際に取り組んでいる事業を見ると、農産物栽培、加工事業、直売所販売、カタログ・ネット販売、実需者販売、農作業受託、観光農園、農家レストランである。戦略面で検討するに際しては、このように販売先（事業者向けか消費者向けか）や業務のまとまりで分類することが分かりやすい。

（2）取り組み事業の実態

農業法人の取り組み事業の実態は、どのようなものであろうか。

筆者の研究室は、全国の農業法人に対して、2020年11月に郵送配布郵送回収のアンケートを行った（詳細は7.1参照）。それに基づいて、農業法人が取り組んでいる事業の種類について整理する。

当該アンケートでは、取り組み事業を、「1．農産物栽培・生産、2．加工事業、3．直売所販売、4．カタログ販売やネット販売、5．実需者販売、6．農作業受託、7．観光農園、8．農家レストラン」に分けて尋ねた。

農産物栽培・生産のみの農業法人の割合は、18.4％であった。農産物栽培・生産以外にひとつの事業に取り組んでいるのは、同21.6％であった。事業としては、農作業受託が最も多く10.7％、加工4.1％、実需者販売3.4％と続いた。農作業委託のニーズは大きくそれに応えていることがうかがわれる。

農産物栽培・生産以外に２つの事業に取り組んでいるのは、同25.0％であった。登場する事業としては、農作業受託13.6％、実需者販売10.4％、加工9.0％、直売所販売8.0％、カタログ販売やネット販売8.0％と続いた。ふたつの事業の組み合わせは多様である。

農産物栽培・生産以外に３つの事業に取り組んでいるのは、同16.0％であった。登場する事業としては、加工9.7％、カタログ販売やネット販売9.7％、直売所販売9.2％、農作業受託8.5％と続いた。

農産物栽培・生産以外に４つの事業に取り組んでいるのは、同11.9％であった。登場する事業としては、加工9.7％、直売所販売9.5％、カタログ販売やネット販売9.5％、農作業受託7.3％と続いた。

農産物栽培・生産以外に５つの事業に取り組んでいるのは、同5.8％であった。登場する事業としては、直売所販売5.8％、カタログ販売やネット販売5.8％、加工5.6％、農作業受託3.6％と続いた。

ある農業法人が、多くの事業に取り組もうとする場合、その取り組み事業の拡大の典型的な段階として、最初は農作業受託に取り組むことが示唆された。次に実需者販売に取り組むことが示唆された。さらに加工、またはカタログ販売やネット販売、直売所販売に取り組み、この後、観光農園や農家レストランに取り組むことが示唆された。この進み方を見る限り、農業法人の取り組み事業の拡大の代表例として、生産をベースにして、市場外流通での実需者との取引へと拡大していき、次に加工や消費者直販へ取り組み、さらにサービス業へチャレンジしているという流れが浮かび上がる。実需者との取引は、継続性・安定性が重視されることから考えると、戦略的な取り組みは、加工や消費者直販、サービス業へチャレンジするときに要求されることとなる。

生産・栽培を除いた取り組み事業数を横軸にとり、それぞれの事業数ごとに取り組み事業の登場割合を縦軸にとって図示したのが**図4-1**である。たとえば、生産・栽培以外に一つの事業に取り組んでいる農業法人では、農作業受託に取り組んでいる法人の割合が10.7％と最も高い。全体傾向として、農作業受託は、取り組み事業集が少ない場合に取り組まれている。加工と直売所販売、カタログ・ネット販売のグラフはほぼ同様な形状を示しており、取り組み事業数が中程度以上で取り組まれている割合が高い。農業法人は、これら３つの事業のうちからいずれかを選択する場合、それぞれの難易度やハードルについて、ほぼ同じような意識を抱いている可能性がある。とすれば、どの事業を選択するとしても、選択した事業の戦略を明確にすることは成功要因のひとつといえよう。

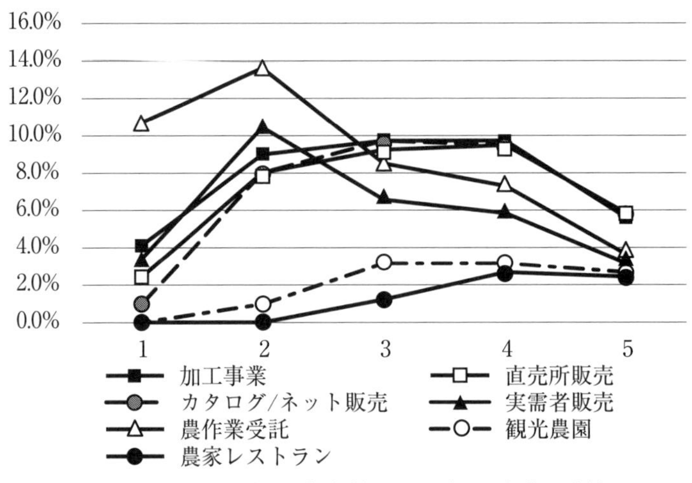

図4-1　取り組み事業数と取り組み事業の種類

注：横軸は、生産・栽培以外の取り組み事業数である。
縦軸は取り組み事業の登場割合である。

（3）取り組み事業拡大の実態

農業法人は、どのような段階を経て事業拡大に取り組んでいるのであろうか。

筆者の研究室は、全国の農業法人に対して、2020年２月に郵送配布郵送回収のアンケートを行った。それに基づいて、農業法人が取り組んでいる事業の拡大経緯について整理する。

当該アンケートでは、アンケート回答時点での取り組み事業を、「１．農産物栽培・生産、２．加工事業、３．直売所販売、４．カタログ・ネット販売、５．実需者販売、６．農作業受託、７．観光農園、８．農家レストラン」に分け、またそれぞれの取り組み時期を尋ねた。なお、取り組み時期については、2001年以前に取組開始、2002年～2008年の間に取組開始、2009年～2015年の間に取組開始、2016年以降に取組開始と分けて尋ねた。有効回収数は324件であり、内訳は耕種農業246件と畜産等78件である。結果は**表4-1**のとおりである。

表 4-1　事業の取り組み時期

	農産物栽培・生産	加工事業（委託を含む）	直売所販売（自営・他営）	カタログ・ネット販売	実需者販売	農作業受託	観光農園	農家レストラン
2001年以前に取組開始	22	2	1	1	7	9	0	0
	45	6	13	2	18	16	2	0
	22	11	14	6	11	16	0	0
	39	14	19	9	25	21	1	2
	38	21	30	12	31	24	13	6
	11	8	8	4	9	8	4	3
2002年～2008年の間に取組開始	6	2	0	0	3	3	0	0
	9	1	4	5	6	9	0	0
	14	8	10	8	10	8	3	2
	9	12	11	11	10	5	2	1
	9	11	10	14	8	7	6	1
	6	3	5	6	5	4	2	5
2009年～2015年の間に取組開始	7	0	1	0	4	6	1	0
	8	7	5	4	11	7	0	0
	7	5	10	7	5	3	0	0
	4	11	13	11	10	3	1	1
	7	18	12	17	8	6	1	3
	2	5	5	6	4	3	2	2
2016年以降に取組開始	1	1	0	0	0	2	1	0
	1	3	2	3	0	4	0	1
	8	4	6	6	8	7	1	0
	2	5	4	6	2	4	1	1
	1	6	3	8	1	1	2	1
	0	2	1	2	0	0	5	3
合計	36	5	2	1	14	20	2	0
	63	17	24	14	35	36	2	1
	51	28	40	27	34	34	4	2
	54	42	47	37	47	33	5	5
	55	56	55	51	48	38	22	11
	19	18	19	18	18	15	13	13

注：数値は回答法人数である。
それぞれ上から、取り組み事業数2、3、4、5、6、7の法人の場合である。

取り組み事業数が２つの農業法人数は、40件（全体の12.3％）である。ほとんどが、農産物栽培・生産に取り組んでおり、もうひとつの事業では農作業受託（20件、6.2％）、実需者販売（14件、4.3％）であり、これらについて取り組み時期の違いはあまりみられなかった。

取り組み事業数が３つの農業法人数は、64件（全体の19.8％）である。農産物栽培・生産に加えて、農作業受託（36件、11.1％）、実需者販売（35件、10.8％）に取り組んでおり、これらについて取り組み時期の違いはあまりみられなかった。ただし、2002年以降に農産物栽培・生産に取り組んだ法人は、そのほとんどが同時に農作業受託と実需者販売に取り組んでいる。

取り組み事業数が４つの農業法人数は、55件（全体の17.0％）である。農産物栽培・生産に加えて、直売所販売（40件、12.3％）、農作業受託、実需者販売（いずれも34件、10.5％）である。2008年までには農作業受託と実需者販売に取り組んでおり、それ以降直売所販売に取り組むようになる傾向がみられる。

取り組み事業数が５つの農業法人数は、54件（全体の16.7％）である。農産物栽培・生産に加えて、直売所販売、実需者販売（いずれも47件、14.5％）、加工（42件、13.0％）、カタログ・ネット販売（37件、11.4％）に取り組んでいる。取り組み時期を見ると、カタログ・ネット販売は2002年以降に活発化している。

取り組み事業数が６つの農業法人数は、56件（全体の17.3％）である。農産物栽培・生産に加えて、加工事業（56件、17.3％）、直売所販売（55件、17.0％）、カタログ・ネット販売（51件、15.7％）、実需者販売（48件、14.8％）、農作業受託（38件、11.7％）に取り組んでいる。実需者販売と農作業受託、直売所販売は、2001年以前に取り組み、加工事業は2002年以降に取り組み、カタログ・ネット販売は2009年以降に取り組む傾向がみられる。

取り組み事業数が７つの農業法人数は、19件（全体の5.9％）である。農産物栽培・生産に加えて、直売所販売（19件、5.9％）、加工事業、カタログ・ネット販売、実需者販売（いずれも18件、5.6％）、農作業受託（15件、4.6％）、観光農園、農家レストラン（いずれも13件、4.0％）に取り組んでいる。観光農園と農家レストランは2016年以降に取り組みが活発化していることが特筆される。なお、取り組み事業数が８つの農業法人数は、３件である。

アンケートでは、取り組み事業の選択理由については尋ねていないので、全社戦略に基づいていたのかどうかは不明である。それでも一般的には多数の事業に取り組んでいる農業法人は、成長しているとみなすことができるので、その取り組みの経緯を観察することは有意義である。たとえば、新潟県にある（有）そら野ファームは、栽培・生産を中心としていたが、2003年におにぎり等加工、いちご狩り等観光農園に取り組み、2016年に農家レストランを開業した[1)]。

取り組み事業が３つまでは、農作業受託と実需者販売に取り組むことが多いので、当該農業法人は、栽培面積の拡大や同一品目での品種の拡大によって成長を達成しようとしていると推測される。上記アンケートにおいて取り組み事業が農産物栽培・生産のみと答えている法人は、33件（10.2％）であるので、取り組み事業数が３つ以下の法人は、全体の42.3％を占める。農作業受託には早くから取り組むことが多いが、これは周囲からの農作業委託要請に応えているだけではなく、実需者からの契約栽培の要請に応えていることを反映しているとも考えられる。いずれの背景があるにせよ、当該法人は、生産活動に注力するので、取り組み事業の選択に関する検討の余地は小さい。

取り組み事業が４つ以上の法人は、農商工連携や６次産業化に積極的で成長志向が強いと推測される。特に、７つや８つの事業に取り組んでいる法人では、2016年以降農作業受託や実需者販売に取り組むことが少ないことから、生産から離れた位置にある事業に注力していると推測される。当該法人は、段階的に直売所販売や加工、カタログ・ネット販売に取り組む。加工に取り組むことによって加工食品の販路を確保する必要が生じるので、直売所販売、あるいはカタログ・ネット販売を検討せざるを得ない状況がある。いずれにしても、計画的・自主的なマーケティング活動が求められる。

（4）取り組み事業の選択の考え方

農業法人を取り巻く事業環境の変化は、多様な事業取り組みの活発化に結び付いている。たとえば、農商工連携や６次産業化に対する支援、インターネット利用環境の充実、働き方や雇用人材の流動化などの動きは、農業法人の事業取り組みの多様化を後押しする。このような外部環境の変化を活かすことは有効であるが、他の農業法人でうまくいっているので、それをまねすればうまくいくというものでもない。限られた資源を有効に活用するためには、自法人の取り組み事業の選択は、自法人の全社戦略に基づくものでなければならない。

取り組み事業の選択は、小規模な農業生産の場合を除いて、全社戦略に従わなければならないし、他の事業との整合性を図らなければならない。自法人の取り組む事業は、バラバラに存在することはありえず、何らかの事業に取り組めば、他の事業に影響を及ぼす。すなわち、個別の事業だけをとりだして成功／失敗を評価することは望ましくない。全体で評価しなければならない。実際、成長したいという意欲があることは評価できるとしても、競争優位性が明らかである場合を除いて、新規事業に取り組んで成功するのは容易ではない。

たとえば、加工事業に取り組む農業法人にその理由を尋ねると、「規格外品を有効に活用したい」という返答がある。全社戦略において、環境への配慮や資源の有効活用をうたっているのであれば、それに合致しているといえよう。そうでない場合、「利益につながりそうだから」という理由であれば、全社戦略と一致しているとはいえないし、当該事業によって全体利益の向上が達成されているかどうかによって判断すべきである。規格外品をネット通販で販売することも可能であろう。たとえば、ネット通販事業に取り組む際、「周りで取り組んでいるから」「知識があるのでやってみたかった」という理由で取り組んでいるのであれば、これらも全社戦略と一致しているとはいえない。

もし、農業法人が規模拡大の成長を目指すのであれば、ハイリスクハイリターンかローリスクローリターンのいずれかになるであろう。ハイリスクハイリターンでは、積極的に新規事業、たとえば加工事業や販売事業、サービス事業に取り組む。ローリスクローリターンでは、生産に注力し、反収を拡大する、同一品目同一品種で栽培規模を拡大する、異なる品目で栽培規模を拡大する、同一品目の異なる品種で栽培規模を拡大する、などがありうる。

いずれにしても、1.2で述べたように、PPMやSWOT分析、BSC分析の結果を踏まえることが重要である。

（5）取り組み事業からみた戦略の重要性

生産活動に重きをおいている農業法人は、規模拡大による成長を志向しており、販売活動はJA（農業協同組合）や集出荷団体、卸売市場等他組織・団体の力を借りることとなる。売上拡大に積極的な農業法人は、成長志向が強く、チャレンジ精神も強い。多くの事業に取り組むためには、戦略に対する意識を強く持つ必要がある。ネット・カタログ販売志向の農業法人は、インターネット活用に対する意識が強い。ともすればインターネット技術の活用に注力しがちであるが、継続するためには消費者対応が求められることから、戦略的活動は重要である。加工志向の農業法人は、モノ作り意識が強く、製品企画に対する創意工夫意識も強い。加工食品をめぐる競争は激しいことから、戦略的に活動しなければならない。実需者との取引志向の強い農業法人は、取引先のニーズに応えなければならないので、事業者向けの戦略を構築する必要がある。

4.2　戦略の要素―販売チャネルの選択

（1）農業法人の販売チャネルの実態

農業法人の販売実態はどのような状況にあるのだろうか。

筆者の研究室は、2018年6月に、農業法人（一部、法人化していない団体

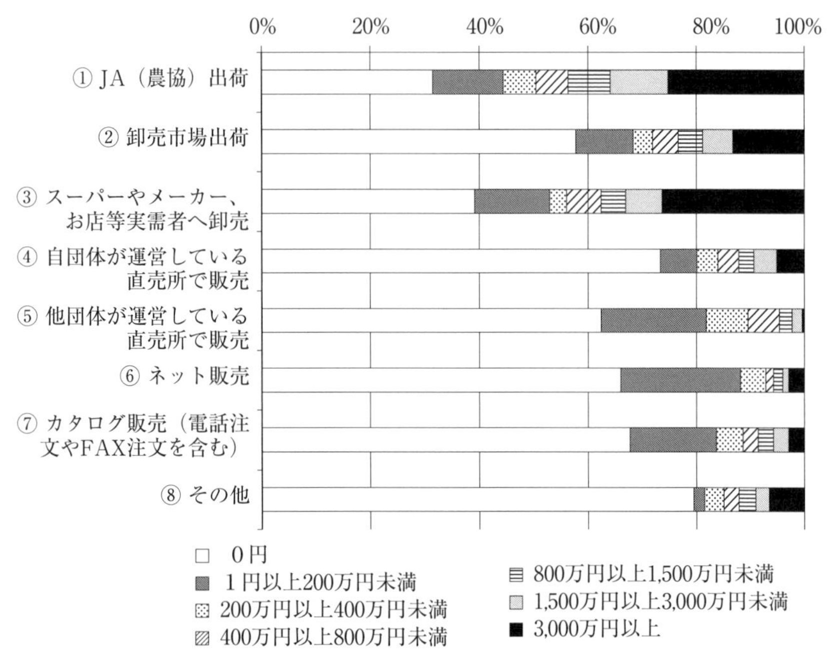

図4-2　農業法人の販売先（生鮮品）

も含む）を対象として、販売先に関するアンケート（以下「販売先アンケート」という）を実施した。回収数は283件である。生産物の内訳（複数回答）は、米53.0％、野菜54.1％、果樹22.3％、食肉7.8％、生乳6.0％である。取り組んでいる事業（複数回答）について見ると、農産物栽培・畜産93.3％、農畜産物加工39.6％、直売所運営21.2％、農家民宿1.4％、農家レストラン7.8％、観光農園12.0％、農作業受託42.0％である。

生鮮品（生食用）の販売先を見たのが、**図4-2**である。JA出荷、スーパー・メーカー・お店等実需者販売が多い。JA出荷、スーパー・メーカー・お店等実需者販売では、3,000万円以上出荷している農業法人の割合が高く、大口の販売先となっている。消費者に直接販売する直売所販売やネット・カタログ販売では、販売金額が小さく、小売業務に対するハードルは高い。卸売市場出荷も比較的大きく、いわゆる市場流通が太宗を占めていることがうか

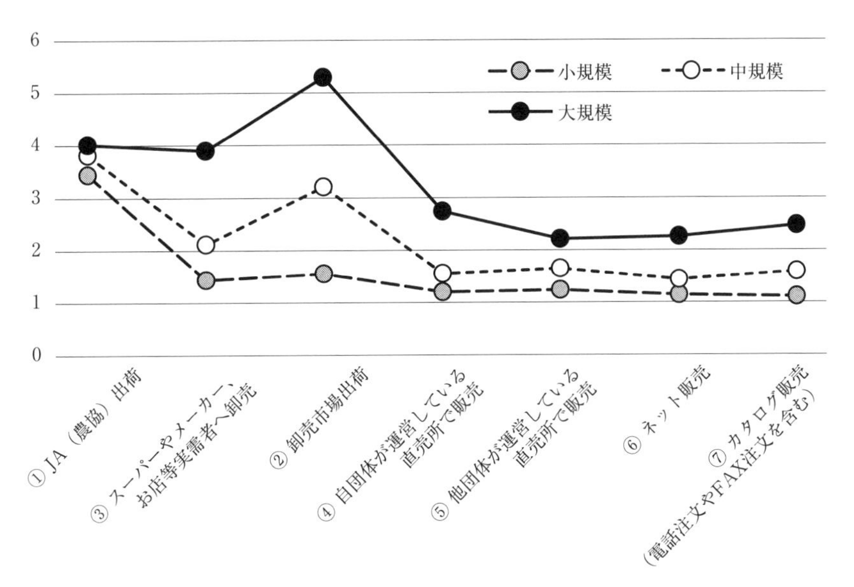

図4-3　農業法人の売上規模別にみた販売先の売上規模（生鮮品）

注：ランク別の数値は次のとおり。「0円」1、「1円以上200万円未満」2、「200万円以上400万円未満」3、「400万円以上800万円未満」4、「800万円以上1,500万円未満」5、「1,500万円以上3,000万円未満」6、「3,000万円以上」7、として数値化した。
小規模　販売先別のランク別数値の合計が、14以下の法人。
中規模　販売先別のランク別数値の合計が、15以上19以下の法人。
大規模　販売先別のランク別数値の合計が、20以上の法人。
縦軸は、ランク別数値の平均を表す。

がわれる。

また、農業法人の売上規模別に生鮮品の販売先の売上規模を見たのが、**図4-3**である。売上規模が拡大するとともに、販売先も多様化している。JA出荷をみると規模別の相違は小さく、相対的には小規模法人と中規模法人で主要な販売先となっている。小規模法人と中規模法人を比較すると、卸売市場出荷、スーパーやメーカー等実需者販売で違いが大きくなっていることが観察される。中規模法人と大規模法人を比較すると、卸売市場出荷、スーパー・メーカー等実需者販売、自前の直売所、ネット・カタログ販売で相対的違いが大きくなっていることがうかがわれる。すなわち、規模拡大の初期時点で

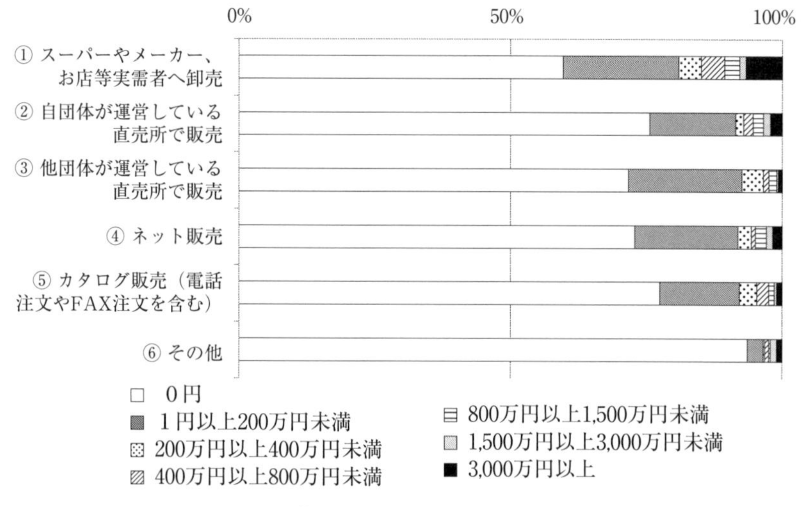

図4-4　農業法人の販売先（加工食品）

は、卸売市場出荷、実需者販売を中心に取り組み、これが軌道に乗った段階でさらにこれら活動を拡充し、卸売市場出荷、自前の直売所、ネット・カタログ販売へと販売先を拡大している。

加工食品の販売先を見たのが、**図4-4**である。販売先を比較すると、スーパー・食品メーカー・お店等実需者販売が多い傾向が見られる。また、販売先別の販売金額の相違は小さく、販売先は分散していることがうかがわれる。加工に取り組んでいない農業法人を含んだデータを対象として集計しているので、生鮮品と比べると全体的に金額は小さい。加工食品の販売チャネルについては、事業所向けと消費者向けが拮抗している状況にある。

また、農業法人の売上規模別に加工食品の販売先の売上規模を見たのが、**図4-5**である。小規模法人と中規模法人を比較すると、売上の相対的違いがみられるが、個々の販売先での分布の違いはみられない。中規模法人と大規模法人を比較すると、実需者販売、ネット・カタログ販売で売上規模の相対的違いがみられる。すなわち、加工食品では、規模がある程度大きくなった段階で、実需者販売、ネット・カタログ販売での売上拡大を達成している。

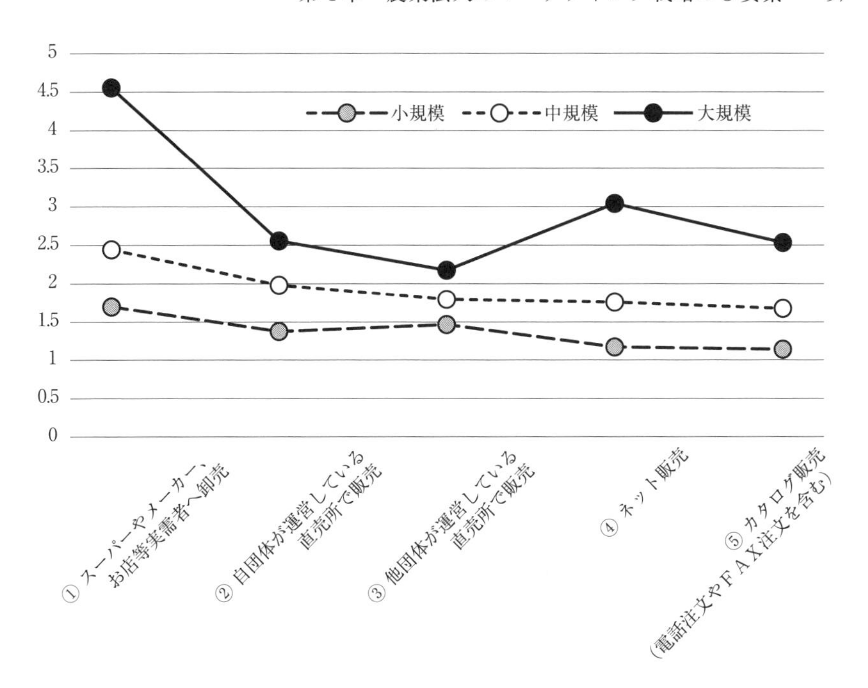

図4-5　農業法人の売上規模別にみた販売先の売上規模（加工食品）

注：ランク別の数値は次のとおり。「０円」１、「１円以上200万円未満」２、「200万円以上400万円未満」３、「400万円以上800万円未満」４、「800万円以上1,500万円未満」５、「1,500万円以上3,000万円未満」６、「3,000万円以上」７、として数値化した。
小規模　販売先別のランク別数値の合計が、14以下の法人。
中規模　販売先別のランク別数値の合計が、15以上19以下の法人。
大規模　販売先別のランク別数値の合計が、20以上の法人。
縦軸は、ランク別数値の平均を表す。

これは、近隣の直売所での販売から広域的な実需者販売、ネット・カタログ販売へと販売先が地理的拡大をしていることを反映している。

販売先アンケートにおいて、事業活動の状況について、あてはまり度合い（「あてはまる」＋「ややあてはまる」）を見たところ、「常勤雇用者数（正規社員）が増えている」43.8％、「生産・栽培技術や加工技術のレベルが高くなっている」72.8％、「販路が着実に拡大している」60.4％、「利益の確保が安定化している」53.4％、「地域貢献活動が拡大している」62.9％、「地域の農業関連ネットワークでの役割が拡大している」46.7%、「地域で異業種との連携が拡大している」37.1%となっている。全体の約６割の農業法人は、販路の拡大を実現していることから、当該アンケートに回答した農業法人は、おおむね順調に成長していることがうかがわれる。

（2）規模拡大による販売チャネルの変化

一般的に農業法人は売上規模が農家より大きく、また売上の拡大に伴って販売チャネルの多様性も拡大すると見込まれる。

筆者の研究室は、2017年11月に販売農家を対象として販売先アンケートを実施した。回収数は、100件である。回答してきた農家の栽培品目は、野菜60%、米49%、果物23%、その他15%である。農産物関連の売上の分布は、100万円未満29%、100～400万円未満25%、400～1,000万円未満15%、1,000万円以上22%、無記入９%である。

生鮮品（生食品）の販売先を見ると（**図4-6**）、JA出荷67%、卸売市場出

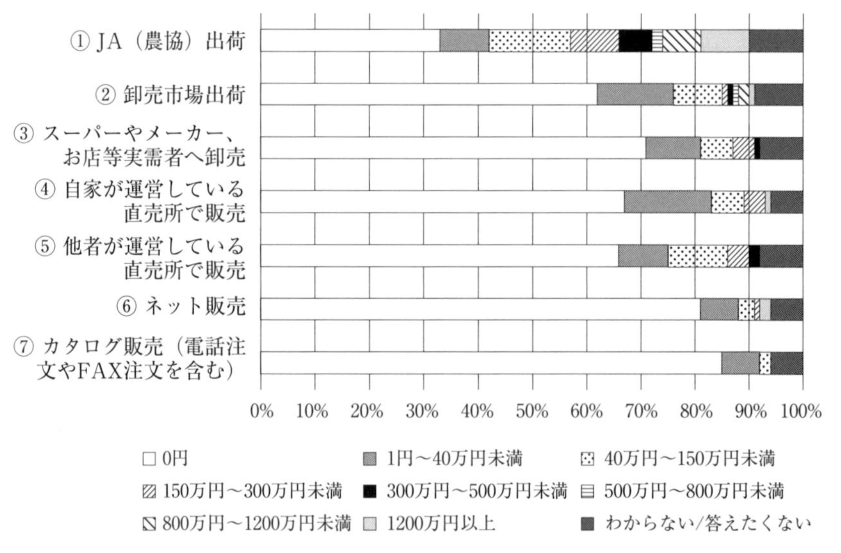

図4-6　農家の販売先（生鮮品）

荷38%、他者が運営している直売所で販売34%、自家が運営している直売所で販売33%、スーパーやメーカー、お店等実需者へ卸売29%、ネット販売19%、カタログ販売（電話注文やFAX注文を含む）15%である。JA出荷では、出荷金額の大小のバラツキが大きく、1200万円以上出荷している農家は9%存在する。市場外流通に取り組んでいる状況を見ると、販売額では直売所販売の方が実需者販売よりわずかながら大きく、直接消費者に販売することのほうが活発に行われている。

加工食品の販売を行っていると回答した農家の割合は、39%である。加工食品の販売先を見ると（**図4-7**）、スーパーやメーカー、お店等実需者へ卸売23%、自家が運営している直売所で販売21%、他者が運営している直売所で販売17%、ネット販売14%、カタログ販売11%である。

農家と農業法人を比較する。全体の出荷金額（売上）では、農業法人のほうが農家より大きい。生鮮品の販売先では、農家はJA出荷に依存する傾向が強く、農業法人は市場流通に加えて実需者販売にも積極的である。加工に

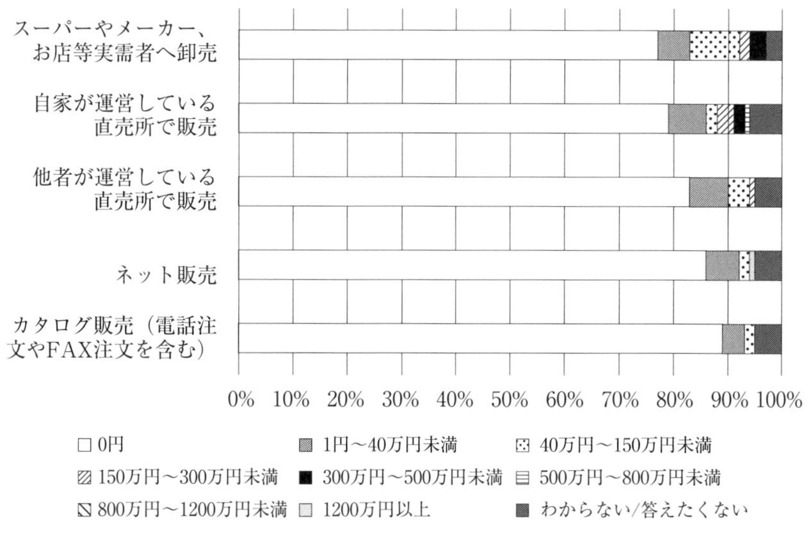

図4-7　農家の販売先（加工食品）

取り組んでいる割合を見ると、農家と農業法人ともほぼ同じ程度であるが、販売先を見ると、農業法人のほうがより多くのチャネルを利用しており、また金額も大きい。

以上のことから、農業法人は規模を拡大するにつれて、生鮮品では市場外流通での販売チャネルを拡充する、加工食品では多くの販売チャネルを利用することで、売上を確保していると推測される。したがって、生産者・団体の売上が大きくなるにつれて、マーケティング戦略を検討することの重要性は増していくといえる。

（3）農業法人の販売チャネルの特性

生鮮品を含む食品の流通構造が常に変化していることはいうまでもない。たとえば、青果物卸売市場をめぐる制度変化、大手スーパーの台頭、外食・中食市場の変化、冷凍・生鮮輸入野菜の増加、流通の広域化・グローバル化などである[2)]。その中で、我が国における生鮮品流通の全体的な特性は次のとおり整理される。野菜と水産物では、卸売市場経由がメインであるが、果実では市場流通と市場外流通が拮抗している。牛肉や豚肉では、市場外流通が太宗を占める[3)]。市場流通の必要性については、野菜と水産物、果実では、零細多数の生産者によって供給されるので、個々の生産者から消費者まで商品を流通させるために、いったん一か所に商品を集め価格を決定する必要があるとされている[4)]。生産者としての農業法人の規模が大きくなれば、直接スーパーと取引することも可能となるので、市場流通への依存度は下がる。直接、スーパーと取引しなくても、間に介在する企業の集荷所へ納品することで、都市部のスーパーマーケット内に設置したインショップで販売することも可能となっている[5)]。消費者へ直接販売するネット通販やカタログ通販も可能である。加工食品については、生鮮品よりも日持ちするので、ある程度在庫が可能であり、メーカー⇒卸売業⇒小売業、の販売チャネルとなる。農業法人が自前で加工する場合、製造量はそれほど多くないことから、直売所や道の駅、おみやげ物店、ネット・カタログ販売などで直接消費者へ販売されることがある。

農業法人の農産物の販売先については、**図4-2**で見たとおり、JA出荷と実需者販売のほうが卸売市場出荷よりメインとなっている。JA出荷では、その後卸売市場出荷となる場合があるので、全体的には市場流通の割合が大きいと推測される。それでも、大口の出荷先を見るとJA出荷よりも実需者販売のほうが若干割合が大きいことから、農業法人は、特定の小売業や飲食業、食品メーカーと大口契約をしていることが推測される。規模別に見ると、**図4-3**で見たとおり、卸売市場出荷は規模拡大に伴って安定して伸びているが、実需者販売は中規模から大規模になる段階で伸びている。以上より、農業法人の規模拡大と小売業や飲食業、食品メーカー等実需者販売の活発化との間には、関連性があることがうかがわれる。

農業法人の加工食品の販売先は､分散している。多くの量を安定的に確保･販売できないため、地元の小売店や直売所、道の駅、おみやげ店などで販売していることがうかがわれる。金額的に生鮮品より小さく、多くの農業法人は加工に対してそれほど力を入れていないとも考えられる。加工食品では、調味料や他の材料も必要となるので、主食材の原価は低く抑えることができても、競合加工食品と比べてトータルの原価での優位性がそれほど大きいとは言えない。そこで、販売チャネルの工夫で単価を上げることはできるだろうか。大量生産は期待できないので、特定の販売チャネルにおけるニーズに適合させることが有効である。すなわち、流通主体との協調戦略を構築することが有効である。さらに生産量が不安定な場合、自前の直売所、近隣にある道の駅などで店頭販売することやネット・カタログ販売が有効である。

（4）販売チャネル戦略

「販売チャネル」とは、生産者によるマーケティング活動を通じた消費者に至る製品流通の継起的段階であり、製品を製造・供給し、最終的に消費されるまでのプロセスに関わるもの全てを駆使して顧客ニーズを満たそうという、経営の中核戦略であるマーケティング戦略に沿って統制された流通チャネルである。また、望ましい流通チャネルとは、流通チャネル参加者のうち、誰か一人がリーダー（「チャネルキャプテン」または「チャネル・スチュワード」という）となってチャネル戦略を作り上げ、顧客にとって最も望ましいことを行い、もってチャネルパートナー全員が利益を享受できるようにすることである[6)]。チャネルキャプテンの留意点として、チャネルの進化とその要因を知ること、顧客のニーズとチャネルが提供できるものとのバランスをとること、チャネルパートナーをリードしチャネルがニーズに適合するよう変革していくことがあげられる。

大量の商品を取り扱う流通チャネルが、生産者（供給業者）と流通業者からなる場合、それぞれはパワーを行使して、自らの利益を大きくしようとする。生産者の持つパワーの源は生産物やその規模であり、流通業者の持つパワーの源は市場やその規模である。そして、もし生産者がより大きなパワーを持ってチャネルキャプテンになろうとすれば、流通に進出し、一方もし流通業者がより大きなパワーを持ってチャネルキャプテンになろうとすれば、生産に進出するのである。しかしながら、このようにしてパワーを持とうとすれば、競争を引き起こすことでコンフリクトを伴う。したがって、望ましい方策は、チャネルキャプテンが関係者の調整をしてチャネル能力を向上させ、その果実を関係者に分配することである。すなわち、大量の商品を取り扱う流通チャネルにおいては、このような考え方を有するチャネルキャプテンが存在することが望ましいのである。

農業法人は、その売上の拡大とともに、販売チャネルは多様化していく。このとき、販売チャネルは、農業法人の発展のパターンに基づいて選択される。

客体（生鮮品か加工食品か）と販売先（実需者向けか消費者向けか）の２つの軸から見ると、販売チャネルの多様化による売上拡大の源泉は、農業法人が組織能力として有する生産力、直販力、加工力、複合力、の４つの力である（**表4-2**）。直販力とは、自らの販売先を維持・開拓する力である。加工力とは、自らが加工食品を製造する力である。複合力とは、生産力、直販

表 4-2　販売チャネルの拡充の源泉

	実需者	消費者
生鮮品	① 生産力 リスクが小さく安定している。 【例示】 契約栽培、市場取引―相対取引、市場外取引―集出荷業者	② 直販力 リスクが中程度。 【例示】 スーパー内直売所、直売所―観光農園、ネット・カタログ販売
加工食品	③ 加工力 リスクが中程度。食品メーカーとのコラボレーション。 【例示】 売買取引	④ 複合力 リスクが大きいが市場も大きい。 【例示】 小売店（スーパー・みやげ物店）、直売所（観光農園、道の駅）、ネット・カタログ販売

注：主に、青果物を対象とする。

力、加工力、をバランスよく発揮しうる力である。

農業法人は、自らの特性を踏まえて、これら４つの力を組織能力として具備し発揮していくことで成長する。販売チャネル戦略は、これら４つの力を身に付けるためのステップと考えることができる。たとえば、次の５つのパターンを想定することができよう。

〈安定型〉

「①生産力」を競争優位の源泉とし、生産力の向上に特化し、栽培面積や品種の拡大による生産規模拡大で収入拡大を目指す。

チャネルキャプテンは、卸売市場、栽培契約先である。農業法人は、安定して取引できる販売チャネルを維持しようとするので、新たなマーケティング戦略を必要とする度合いは小さい。また、マーケティング活動は他団体に依存する、あるいは従うので、マーケティング・チャネル戦略の必要性は小さい。

〈販売拡充型〉

「①生産力⇒②直販力」」の流れで競争優位の源泉を付加し、生鮮品における消費者向け販売力の向上を目指す。

スーパー内直売所で販売する場合、チャネルキャプテンは、当該スーパーとなる。農業法人は、どの販売チャネルを使うとしても、消費者に直接訴求しうる生鮮品を意識したマーケティング戦略を必要とする。マーケティング戦略では、一般的に用いられている顧客起点によるSTP（セグメンテーション、ターゲティング、ポジショニング）を考慮する。

〈加工型〉

「①生産力⇒③加工力」の流れで競争優位の源泉を付加し、生鮮品を材料とした加工力の向上を目指す。

食品メーカーと連携して加工する(食品メーカーの委託に応じて加工する)のであれば、マーケティング戦略の必要性は小さい。この場合、チャネルキャプテンは、当該食品メーカーとなる。自前の工場で加工するためには、一定の加工生産量を確保しようとするのであれば、相応の製造ノウハウと設備投資が必要となるので、リスクを伴う。

〈直販複合型〉

「②直販力⇒④複合力」の流れで競争優位の源泉を付加し、身に付けた生鮮品の直販力に加工力の向上を付加していく。

生鮮品の直販力を活用したマーケティング戦略とする。食品メーカーと連携して加工するとすれば、農業法人は当該メーカーの販売力を利用できる。したがって、農業法人がマーケティング戦略を必要とする度合いは小さい。チャネルキャプテンは、食品メーカーまたはスーパーとなる。直売所での通年販売を可能とするために加工食品を製造・販売する場合、売れ残りリスクは自法人が負うが、加工生産量は自法人で決定することができ、これを少なくするとリスクは小さくなる。

〈加工複合型〉

「③加工力⇒④複合力」の流れで競争優位の源泉を付加し、身に付けた加工力に販売力の向上を追加していく。

食品メーカーと連携しているのであれば、農業法人は当該企業のマーケティング力を活用する。自前の工場で、独自の商品を企画・加工するとすれば、消費者向けを意識したマーケティング戦略の必要性は大きい。この場合、チャネルキャプテンは、自法人となる。農業法人は、工場併設の直売所という形態にすることで、物流コストを節約することができる。

販売チャネル戦略を作成するときの留意点は次のとおりである。

たとえば、ある農業法人が、ジャムやジュースといった加工食品の製造に取り組むとする。この場合、競合相手が多く、大手の食品メーカーに対抗するのは難しい。もし、加工に取り組むと同時に消費者直販に取り組むとしても、ブランド認知が低い、価格訴求力が弱いことなどによって販売量が目論見どおりにいかいない場合がある。したがって、加工に取り組む初期時点では、食品メーカーと連携すること、すなわち協調戦略を模索することが望ましい。この連携には、協力、協調、協働といった様々な形態があるので、これらの中からいずれかを追求する。また、チャネルキャプテンになりうる食品メーカーと連携することが望ましい。

競争戦略における競争優位の源泉として、2.2 (3) で紹介したSPとOCの観点から見る。SPは、ブランド化など需要者に対する価値を訴求するものであり、経営資源の制約の観点から生鮮品と加工食品の両方同時に事業戦略を検討することは困難である。すなわち、生鮮品をメインにした戦略、あるいは加工食品をメインにした戦略に特化することが望ましい。OCは、組織能力であり、経営資源の制約の観点から、実需者開拓と消費者開拓を同時に追求するのは困難である。すなわち、実需者向け、あるいは消費者向けをメインにした戦略に特化することが望ましい。したがって、生鮮品の実需者販売が確立した後の販売チャネルの発展過程は、加工型→加工複合型、あるいは販売拡充型→直販複合型、のいずれかの道筋をたどることが一般的となろう。

(5) オムニチャネル

農業法人の販売チャネル拡充には、安定型、販売拡充型、加工型、直販複合型、加工複合型のパターンがあることを提示した。ここで、消費者へ直接販売する販売拡充型、直販複合型、加工複合型においては、オムニチャネル戦略が有効と考えられる。

オムニチャネルとは、買い物の入口、受け取り方法、決済方法、商品のピ

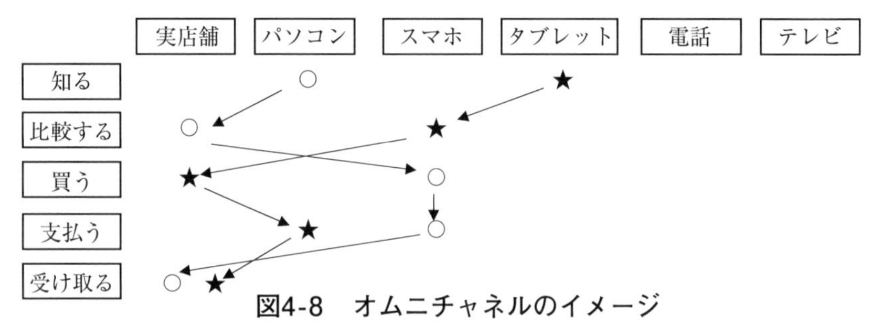

図4-8　オムニチャネルのイメージ

注：矢印は消費者の購買行動の流れを表す。

ッキング方法と手渡し方法が複数（実店舗、パソコン、スマホ、タブレット、電話、テレビなど）用意されており、顧客の希望に合わせて効率よく商品を届ける仕組みである[7)]。顧客はオムニチャネルを用いることで、複数のチャネルを行き来してもストレスなくシームレスなサービスを利用することができる（**図4-8**）。農業法人では、実店舗として、農産物直売所や観光農園、農家レストランなどを想定できる。実店舗での買い物とネット通販での買い物を融合させたものである。消費者の購買ニーズの変化（欲しいと思ったものを欲しいと思った時に受け取りやすい場所で受け取りたい）とIT技術の発展があいまって、大規模スーパーや量販店等大企業だけでなく規模の小さい企業にとっても取り組み可能となってきた。

消費者は、ネット環境を活用して快適に買い物をすることができる。たとえば、この仕組みを活用することで、「ネット上で直売所等店舗や商品の情報を入手する」⇒「スマホでメッセージやクーポンを受け取り、ナビゲーションを利用して直売所等店舗へ行く」⇒「商品やサービスをスマホ決済で購入する」⇒「SNSで友人と情報を共有する」⇒「ポイント付与などを活用して継続利用する」という好循環が生まれる。ネットショッピング登場の初期段階における買い物することをインターネット注文で代替するという状況から、全体的な買い物イベントを創出するという状況へ変化している。オムニチャネルでは、地域の特性や個人のニーズに合ったサービスを提供する。このために、ITを活用した顧客との接点（コンタクトポイント）を設けてこ

表4-3　生産者によるネット販売

Ｅコマース	ロジスティクス
自社ホームページ	宅配業者利用
自社ホームページ ショッピングモールサイト	宅配業者利用
自社ホームページ ショッピングモールサイト BtoB	３PL（物流業務の委託）の活用

れを通じてマーケティング情報を入手する必要がある。これを満たすことができれば、オムニチャネルを構築すること自体が競争優位の源泉となりうる。

農業法人が、自前の組織能力を活用しつつホームページ等でネット販売に取り組む際のオムニチャネル戦略は、ネット販売量に応じて、３つの段階で発展していく（**表4-3**）。ロジスティクスでは、輸配送、保管、荷役、包装、流通加工、システムに関する業務がある。またロジスティクスを他企業まで含めたサプライチェーンに発展させるとすれば、管理や調整に関する業務が加わる。どこまでを自前で行うのか検討する必要がある。一部の業務はアウトソーシングするとしても、自法人内にロジスティクス担当部署とIT担当部署を設置する必要がある。

前述のようなロジスティクスやサプライチェーンに関する体制整備が困難な農業法人の場合、自社の負荷を増やさずにオムニチャネルに取り組む方法を検討することが望ましい。たとえば、第３者的な団体が食品流通のオムニチャネルを構築し、それに出荷者として参画する形態がある。クックパッドが運営するクックパッドマートの事例がある（2023年３月時点）。生産者は、登録した後、販売する農産物をサイトへアップする。その後、生産者は消費者から注文が来た段階で、近くにある共同集荷所へ納品する。そこからクックパッドの配送車が消費者受け取り用の共同宅配ボックスまで運ぶ。このように、ITを活用して、生産者の利便性と消費者の利便性の両方を追求することを可能とする生産者向けサービス(生産者からみたアウトソーシング先)がすでに登場している。

4.3　戦略の要素―インターネット活用

（1）ネット通販の普及要因

1990年代から普及し始めたネット通販は、今や社会・経済のインフラになった。インターネットが普及した背景には、消費者が情報を利用するときに見られるリーチとリッチネスのトレードオフ関係のシフト、すなわちコミュニケーションにおける「リーチの拡大」と「リッチネスの拡大」の同時向上にあるといわれている[8)]。2000年代初頭までは、インターネットを活用すること自体が競争優位の源泉となりえた。その後、IoT、DX、SNSなどインターネット技術とその活用はますます多様化・高度化し、企業はインターネットを自社の特性に合わせていかにうまく活用するかまで考えないと競争優位の源泉を持ちえない状況となった。

2000年代初頭、アマゾンは書籍販売をきっかけにネットショッピングモールビジネスで大いに成長した。この理由のひとつに、顧客との関係を大切にしたことがあげられる。アマゾンは書店の代替機能を果たしているだけではない。1クリック特許を取得したり、レコメンデーション機能を提供したり、書籍評価を入力できるようにしたり、と書店ではできないきめ細かい顧客サービスを充実してきた。インターネットは、サプライヤーにも消費者にもメリットをもたらす。このとき、サプライヤーは、自らの業務を起点にネットビジネスを考えるのではなく、消費者起点、すなわち消費者のニーズをどこまで超えられるか、を考えなければならない。インターネットは、双方向であるので、消費者は自分に興味のある、より自分のニーズに高いレベルで応えられるコンテンツにのみアクセスするのである。2000年代初頭にネットスーパー事業が停滞したのは、これをリアル店舗の代替と位置付けたことにある。消費者の満足度は、提供されるサービスレベルが自分の期待するサービスレベルと比べて大きければ大きいほど高くなる。

ネット通販では、消費者に対して、競合サービスがそれまで果たしてきた機能の代替以上の価値を提供しなければならない。

(2) ホームページやショッピングモールサイトによるネット通販

農業法人がネット通販を利用する形態としては、自社のウエブサイト（ホームページ）を開設して販売する形態とショッピングモールサイトへ出店し販売する形態がある。SNSの普及を鑑みると、今後スマートフォンを媒介としたインターネット利用が進んでいく可能性がある。

農業法人においては、生産量の拡大に伴う販売先の拡大を目指すのであれば、リーチの拡大を活かす方向が有効である。顧客との関係をより安定的なものにすることを目指すのであれば、リッチネスの拡大を活かす方向が有効である。インターネットによって、これらを同時に達成することができる。

リーチの拡大について、次のことが可能となった。生産力向上に注力しつつ販売先を開拓することができる。競争戦略において、生産量が拡大したので、販売先を探すということではなく、あらかじめ販売先を想定し、そこに価値を提供するために生産量を増やすという考え方である。たとえば、農作業受託を拡大するとき、委託者からの要請にこたえるだけではなく、販売先の要請を明確にした上で、それにこたえるという考え方をとることが望ましい。

リッチネスについて、次のことが可能となった。顧客との関係強化を図ることで、安定した販売先を確保できる。この関係は、モノの販売だけではなく、イベントやワークショップへの参加、風景・文化・伝統などに関する情報提供を含む。これを通じて、顧客が自らの体験を若い世代や周りの世帯に伝承することで、一定程度の顧客の広がりを維持する。

どの農業法人も、このようなメリットを活用できるが、そこには競争が存在するので、競争重視の戦略を作成・実行する。流通チャネルの観点から、「農業法人の規模」「競合する農業法人の数」と「顧客の数」を踏まえたネット通販のあり方を考えてみる。農業法人の規模と競合する農業法人の数の組み合わせについては「規模小さい・数少ない」、「規模大きい・数少ない」、「規模小さい・数多い」、「規模大きい・数多い」、のいずれかである。

〈農業法人の規模小さい・競合する農業法人の数少ない〉

該当する農産物として、有機農産物、希少農産物、伝統農産物、伝統的な漬物があげられる。この場合、市場規模は小さい。

ネット通販は、同じ顧客を対象とする追加のツールとなる。自社ホームページの役割は、費用の削減、生産性の向上、売り手の方針に従って顧客へよりよく対応することである。

ネット通販の役割は、対面販売を補うこと、よりよい第３者委託を実現すること、SNSマーケティングを行うことにある。

〈農業法人の規模大きい・競合する農業法人の数少ない〉

該当する農産物として、ブランドが確立している農産物や加工食品があげられる。この場合、市場規模は大きい。

インターネットを利用するかどうかは、農産物の特性や需要と供給のバランスなどにより左右される。インターネットオークションが入り口として有効である可能性がある。インターネットは、それまで到着しえなかった特定のセグメントの顧客にであうためのツールとして、単独で機能するか、あるいは既存チャネルの活動を補助するためのツールとして利用される。

製品が標準化され市場が細分化されている場合には、カタログ通販やネット通販からの購入が促進される。競争は激しい。価格の透明性は確保され、生産者・団体間の比較はワンクリックで行える。

〈農業法人の規模大きい・競合する農業法人の数多い〉

該当する農産物として、慣行栽培農産物、米、コモディティ加工食品（普及品としてのジュースやジャムなど）があげられる。この場合、市場規模は大きい。

農業法人のチャネル戦略は、どのような顧客をターゲットにするのか、農産物の特性、需給バランスなどによって決まる。eマーケットプレイスが発生しやすい。

差別化によって得られる独自の価値を売上や利益に交換したいと考えがちだが、市場取引では、汎用品化・同質化が進むので、農業法人は、自社農産物の差別化をめざしてはいけない。汎用品化・同質化が進んでも、配送の信頼性、購入における金融支援の柔軟性、安定した価格などによる差別化が有効となる。規格外品は、この市場取引になじむ。

〈農業法人の規模小さい・競合する農業法人の数多い〉

本ケースでは、モノ販売ではなく、サービス提供が該当し、農家民宿サービス、観光農園サービスがあげられる。この場合、市場規模は小さい。

農業法人は、直接販売を試みるが、顧客のディマンドチェーンに対するニーズを考えると、そのような取引を拡大させることは困難である。顧客は、製品を取り揃えてくれる主体から購入したいと考える。購入者がバイングパワーを持っているため、インターネットは買い手優位の入札手段（逆オークション）として機能するかもしれない。

（3）eマーケットプレイス

流通チャネルとインターネットとの関連について見てみる[9)]。食品の場合、多くのサプライヤーと多くの消費者が存在する。サプライヤーの流通チャネル戦略は、どのような顧客をターゲットにするか、食品の特性、需給バランスなどで決定される。多数のサプライヤー対多数の消費者の場合、多くの売り手と多くの買い手が参加するマーケットプレイスが誕生しやすい。我が国においては、特に青果物や魚介類の現物取引において卸売市場流通、すなわち中央卸売市場・地方卸売市場を介した市場流通が発達してきた。売り手と買い手は情報を交換し、それによって商品やサービスの取引が行われる。製品は、荷主あるいは第３者を介して移動する。

このような現物取引をインターネット取引（電子商取引）で代替できるだろうか。たとえば、ネット通販でサプライヤーから消費者へ直接販売することが可能となるが、ここで製品の差別化を追求することは間違いである。差別化を追求すればするほど、同質化が進み価格競争が激化してしまう。そうではなく、ネット通販では、配送の信頼性、価格設定の柔軟性などを追求することが望ましい。また規格外品や在庫品について、リアル店舗では顧客を探すのが大変であるが、ネット通販ではそれほど大変ではない。さらにこの取引はスピーディに行われなければならないが、それもネット通販では可能である。電話やインターネット利用ではネットワーク効果があるので、その価値は高いといわれているが、マーケットプレイスにおいて、売り手が多ければ多いほど買い手に有利になる、あるいは買い手が多いほど売り手に有利になるということは、ネットワーク効果ではない。ただし、ある分野で希少な商品を販売する売り手が多く参加するマーケットプレイスにおいては、買い手が探索コストあるいはアクセスコストを下げることができる、すなわち取引コストを下げることができるというメリットがある。ある分野で多くの売り手が新規に参加すればするほど、他の売り手にとってもメリットが生じるという意味でネットワーク効果があるといえる。農産物と関連食品でいえば、有機農産物や地場漬物、ドレッシング、ドライフルーツのマーケットプレイスが該当する。

（4）BtoB

一般的に、事業者と事業者との売買取引を広義のBtoBと呼び、その中でインターネットを活用した取引を狭義のBtoBと呼ぶ。以下では、狭義のBtoBを対象として議論する。

2000年前後、生産者と実需者との間の農産物の取引をインターネットで行う、いわゆるeマーケットプレイスや実需者が食材を電子調達する形態が登場した。生産者からすれば、自らの生産した農産物をPRしたり、価格を提示したりすることができるものである。実需者からすれば、必要な食材を探すツールとして利用できるものである。eマーケットプレイスを運営するIT企業は、売り手と買い手の間を結ぶプラットフォームを提供する。会員として参加する売り手企業と買い手企業はマッチング（商談）サービスを利用できる。商談が成立した場合、納品や決済等において、その手続きをインターネット上で完結して行うことができる。

企業内の経理のデジタル化は、電子帳簿保存法やインボイス制度などに伴い進展していく。大手の実需者は、安定的・継続的な商取引をインターネット空間を活用して行うので、生産者サイドもそれに対応できる体制やシステムといった組織能力を整備する必要がある。大手の実需者は、生産者に対する取引条件として、品質面、量的面で安定的に供給できることに加えてIT運用組織能力を求めるようになるだろう。事務処理とマーケティングを連携したIT運用組織能力が事業戦略として重要な位置を占める。

農業法人として、実需者販売の拡大を目指すのであれば、事務処理系・マーケティング系を統合化したIT運用組織能力を充実させるダイナミック・ケイパビリティ戦略をとる必要がある。

（5）SNSマーケティングと価値共創

2000年前後までは、自社のホームページがマーケティングの役割を果たしていた。すなわち、農業者は、ホームページを公開することで、様々な地域、世代、職業の人々に農産物を訴求できると考え、これによって顧客が増えると考えていた[10)]。多くのホームページが構築されたが、新規顧客の獲得の面では苦戦したものも多かった。その後、インターネットのインタラクティブな役割が重要視されるにつれて、企業の情報公開やポータルとしての役割はホームページ、マーケティングの役割はSNSが担うようになった。

SNSとは、インターネット上でコミュニケーションをサポートすることを目的とし、リアルな友人関係からバーチャルな人間関係までをサポートする会員登録制のウェブサービスである。個人グループだけでなく企業も「Facebookページ」やツイッター、インスタグラムの公式アカウントを開設している。SNSを活用するメリットとして、次のことがいわれている[11)]。ページビュー数ではなくユーザーの実数を把握できる。ユーザーの詳細な属性情報を把握できる。ユーザーの生活行動を把握できる。ユーザーへの接客が可能である。気に入ってもらえば、ユーザー自身が商品を勧めてくれる。潜在顧客とつながることができる。顧客との長期的な関係を構築できる。

SNSは、価値共創の実践に有効なツールである。ここで価値共創とは、企業は生産活動、消費者は消費活動を行って価値を創出するという考え方ではなく、価値を定義したり、創造したりするプロセスに消費者もかかわるという考え方である[12]。このプロセスは、企業と消費者が対等に意見をかわす対話、消費者が購入だけではなく利用することを通して多彩なライフスタイルを経験するという利用、企業が消費者とのコミュニケーションにおいて説明するリスク評価、情報の非対称性の状況は薄れ消費者は情報を得やすくなっているという透明性の４つの要素からなる。SNSは、消費者コミュニティとしての対話、リスク評価、透明性の確保において貢献しうる。企業と消費者が継続的に交流を深め信頼関係を構築する場を共創コミュニティといい、ここでSNSを活用しうる[13]。消費者が共創コミュニティに参加するのは、価値があると判断し感性面での特別感があるからである。共創コミュニティでは、企業と顧客あるいは顧客同士のコミュニケーションを通じて、顧客は高次の欲求が満たされ、ブランドへの関与を深めていく。

マーケティングの観点から共創コミュニティの特徴を整理する。商品開発では、マーケットイン、すなわち、顧客の顕在化したニーズに対応した商品開発が必要といわれている。成熟化した市場では、マーケットインの手法で開発された商品は同質化（コモディティ化）が進み、価格競争に陥ってしまう。これは企業にとって望ましくない。このため顧客に潜在しているニーズを掘り起こし、それに対応した商品開発を先取りして行うことが求められる。この潜在しているニーズを探る手法のひとつとなりうるのが共創コミュニティである。企業からすると、共創コミュニティへの参加者は潜在ニーズの中でどれが顕在化ニーズへとなりうるのかに関する情報を提供してくれるというメリットがある。共創コミュニティにおける熱心な顧客は、自らが支持している商品を他の消費者へ推奨してくれる。これは人口減少社会の日本においては、新規の顧客を獲得するのがますます困難となる状況下で大きなメリットである。顧客の３割が売上の７割に貢献していることはよく知られていることであるが、これに従えば、３割の優良顧客を明確にし、良好な関係を維持していくことが有効である。共創コミュニティにおいては、優良顧客はだれかを明確にし、感情的・感覚的手法で良好な関係を維持することが可能である。

たとえば、加工食品づくりで考えてみよう。ジュース、ジャム、調味料、ドレッシング、漬物など多くの加工食品は値段が安く購買関与度の低い商品なので、新ジャンルを創出した焼肉のたれや鍋の素などのヒット商品を除いて、多くのメンバーが集まる共創コミュニティを形成しにくい。企業のマーケティング戦略として、ヒットする新商品を開発するという方向以外に、ストーリーを発信するという方向がある。たとえば、消費者が当該加工食品を利用するシーン（たとえば、アウトドア、ピクニック、キャンプ、ホームパーティ、誕生日パーティ、バーベキューバーティ、防災用、環境保全貢献など）に焦点を絞る共創コミュニティであれば成り立つかもしれない。「その背景は何か、どんな課題がありその原因は何であったか。それに対してどのような解決策を考えたか。考えた解決策の中で実際に取り組んだのはどれか。その理由は何か、解決策の特徴は何か。今後の展望はどうか」について、考えをめぐらす。SNSにおける発信として、日常的なことがらに関する問いを発して、加工食品に関連するデータを収集することができる。共創コミュニティを成り立たせるためには法人内に運営担当者が必要である。これは、規模の小さい農業法人にとってハードルが高い対応となる。それでもSNS上でやりとりすることやアクセス状況の整理は比較的簡単であるので、労力面での追加負担は小さく抑えられる。結局、自らが主体となってマーケティング活動に取り組むという戦略的な姿勢を持っているかどうかに左右される。

（6）D2C

インターネットは便利で柔軟性のあるツールであるので、いろいろな場面で活用できる。たとえば、加工食品のブランド化において、機能面感性面からのアプローチに対して有効である。また、1990年代から始まったインターネット活用は、年々進化している。その一つが、D2C（Direct to Consumer）といわれるものである[14)]。これはインターネット活用を起点としたブランド化戦略である。

特徴は次のとおりである。まず、顧客ターゲット層は、1980年代から1990年代後半までに生まれた世代（ミレニアル世代）以降の世代である。当該世代は、インターネットを身近に感じる世代である。企業は、中間流通を活用せずこれら世代に直接コンタクトする。コンタクトを通して、商品が提供する機能に基づく価値ではなく商品が提供するライフスタイルに基づく価値、すなわち感性面での価値を提供する。ここでは、商品選択とLTV（Life Time Value、顧客生涯価値）が重要である[15)]。商品選択においては、ライフスタイルのシーンに特化することが考えられる。LTVとは、顧客が長期にわたりそのサービスを使い続けることであり、最大化させるためには、高単価、購買サイクルや粗利率が高いことなどが求められる。

企業は、データ分析やSNSを通じたコミュニケーションを起点にして戦略を構想する。コミュニケーションでは、生産者と購入者との共創や購入者のコミュニティづくりが行われる。共創では、購入者が商品の感想を述べたりフィードバックを行ったりし、企業は購入者と一緒に商品作りを進めることができる。コミュニティづくりでは、購入者同士が自発的に意見交換やファン仲間としての情報交換を行う。

D2Cに取り組む農業法人はどのような意識を持っているだろうか。感性価値を追求することは自らの特徴を生かすことにつながりこれは独自性を追求するという意味で、競争重視とはならない。変革重視かどうかについては、変革重視の場合IT活用に自前で取り組み、変革重視でない場合IT企業とのコラボレーションにより取り組む（競争重視と変革重視については第５章を参照）。IT活用に自前で取り組む農業法人は、変革重視ではあるが競争重視ではないことから、ダイナミック・ケイパビリティ戦略を作成・実行する。IT企業が新規参入し農業法人を設立する形態である。これまで企業による農業への新規参入では、食品関連企業や土木建築業の事例が多い[16)]が、今後IT企業あるいはITに詳しい人材が、農業法人を設立し中心的な役割を果たす。2000年代初頭における農業生産のスマート化を起点とした異業種参入とは異なり、生産から販売までのバリューチェーンにおける感性価値の発見・提供に基づくブランド化を起点とした参入である。

IT企業とコラボレーションする農業法人は、自組織内にITに関する組織能力を有しない場合、協調戦略を作成・実行する。たとえば、牧場とIT企業とのコラボレーション事例がある[17)]。ここでは、IT企業が、牧場を運営する農業法人が製造した乳製品を全量買い取ってネット販売する。IT企業の社員が牧場に常駐し生産と販売の橋渡しをすることで、生産現場では消費者のニーズや声を製品企画に活かすことができ、販売現場ではリアルタイムの生産実態に関する情報を消費者へ提供することができる。

4.4　戦略の要素間の関係

マーケティング戦略の要素である、取り組み事業の選択、販売チャネルの選択、インターネット活用、これら３つの要素はそれぞれが相互に関連している。農業法人は、３つの要素の中でどこに重点をおくか決めなければならないが、その後、マーケティング戦略の作成において、これらの関連を踏まえる必要がある。

それぞれの要素のポイントを整理する。

取り組み事業の選択では、農業法人は、一般的に生産志向、多種多様性志向（多くの種類の加工事業や販売・サービス事業に取り組む）、ネット・カタログ販売志向、加工志向のいずれかに分類することが可能である。多種多様性志向、ネット・カタログ販売志向では、マーケティング戦略の必要性は高い。

販売チャネルの選択では、農業法人の成長の源として、生産規模拡大で収入拡大を目指す安定型、生鮮品における消費者向け販売力の向上を目指す販売拡充型、生鮮品を材料とした加工力の向上を目指す加工型、生鮮品の直販

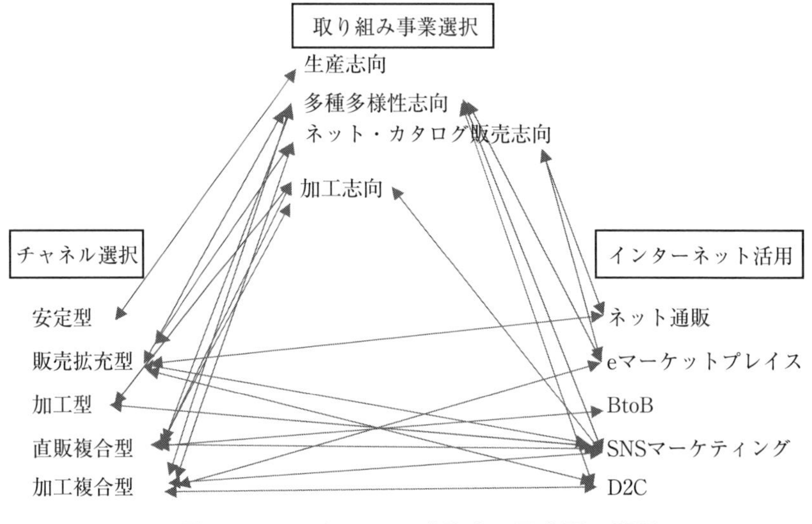

図4-9　マーケティング戦略の要素間の関係

力に加工力の向上を付加していく直販複合型、身に付けた加工力に販売力の向上を追加していく加工複合型の５タイプに分類された。販売拡充型、加工型、直販複合型、加工複合型では、マーケティング戦略の必要性は高い。

インターネット活用では、ネット通販、複数の売り手と買い手がマッチングを行うeマーケットプレイス、企業間の取り引きであるBtoB、消費者と企業あるいは消費者同士のコミュニティの場を提供するSNSマーケティング、ブランド化をめざすD2Cがある。

これらのポイントは相互に関係している（**図4-9**）。取り組み事業の選択、チャネル選択、インターネット活用の要素において、より循環性が強い関係にあるのは次の組み合わせである。これらにおいては、それぞれの関連性がより強固であるので、これを強く意識したマーケティング戦略を作成することでパフォーマンスの相乗効果を得られる可能性がある。

〈取り組み事業の選択〉－〈チャネル選択〉－〈インターネット活用〉－〈取り組み事業の選択〉

・多種多様性志向－販売拡充型－SNSマーケティング－多種多様性志向
・多種多様性志向－販売拡充型－D2C－多種多様性志向
・多種多様性志向－加工複合型－D2C－多種多様性志向
・多種多様性志向－加工複合型－SNSマーケティング－多種多様性志向
・ネット・カタログ販売志向－販売拡充型－ネット通販－ネット・カタログ販売志向
・ネット・カタログ販売志向－加工複合型－eマーケットプレイス－ネット・カタログ販売志向
・加工志向－直販複合型－SNSマーケティング－加工志向

当該連携を念頭においてマーケティング戦略作成におけるフレームについて検討してみる。たとえば、今後加工に力を入れたいと考えている法人においては、取り組み事業選択は加工志向となり、チャネル選択では直販複合型とし、インターネット活用では加工食品の企画等においてSNSマーケティングを取り入れることが有効である。あるいは、比較的規模の大きい農業法人において、取り組み事業選択では多種多様性志向を持っている場合、チャネル選択で加工複合型とし、インターネット活用では各種事業や各種商品を束ねるブランド化に資するD2Cを取り入れることが有効である。

注

１）大友和佳子（2023）「国家戦略特区における「農家レストラン」から見えるもの―新潟県新潟市「そら野テラス」の事例から―」共済総研レポートNo187
２）滝沢昭義、細川允史（編集）（2000）「流通再編と食料・農産物市場」筑波書房
３）清水みゆき、高橋正郎（監修）（2016）「食料経済（第５版）:フードシステムからみた食料問題」オーム社
４）時子山ひろみ、荏開津典生、中嶋康博（2019）「フードシステムの経済学　第６版」医歯薬出版
５）株式会社農業総合研究所は「農家の直売所事業」を行っている。
６）V・カストゥーリ・ランガン、小川孔輔（監訳）小川浩孝（訳）（2013）「流通チャネルの転換戦略」ダイヤモンド社
７）角井亮一（2015）「オムニチャネル戦略」日本経済新聞出版社

8）フィリップ・エバンス、トーマス・S. ウースター、ボストンコンサルティンググループ（訳）(1999)「ネット資本主義の企業戦略―ついに始まったビジネス・デコンストラクション」ダイヤモンド社
9）V・カストゥーリ・ランガン（2013）を参考にした。
10）冨田きよむ（2001）「農家のインターネット産直」農文協
11）伊藤一徳（2013）「「ストーリーで差をつける」SNSマーケティング」PHP研究所
12）C・K・プラハラード、ベンカト・ラマスワミ、有賀裕子（訳）(2013)「コ・イノベーション経営：価値共創の未来に向けて」東洋経済新報社による。
13）池田紀行、山崎晴生（2014）「次世代共創マーケティング」SBクリエイティブ
14）佐々木康裕（2020）「D2C「世界観」と「テクノロジー」で勝つブランド戦略」NewsPicksパブリッシング
15）三嶋憲一郎、FABRIC TOKYO（2021）「リテール・デジタルトランスフォーメーション　D2C戦略が小売を変革する」インプレス
16）大仲克俊（2018）「一般企業の農業参入の展開過程と現段階」農林統計出版
17）伊藤雅之（2018）「農産物販売におけるネット活用戦略―ネット販売を中心として―」筑波書房より。

Ⅱ　思考編

第5章

ポジション思考

個別戦略の中でも事業戦略に関する検討は、経営学の一分野として「成長企業はどのような戦略を持っていたのか」に焦点をあてて議論・提案されてきた。本章では、まず事業戦略の作成に関するポジション思考を提示する。次に、ポジション思考に基づいて、これまで議論されてきている、協調戦略、競争戦略、リスク対応戦略、ダイナミック・ケイパビリティ戦略の位置づけと考え方を説明する。

5.1 ポジション思考とは

これまで、事業戦略に関する研究は活発に行われてきた。それらの系譜を大まかに概観すると、事業戦略の思考軸として、変革意識と競争意識をあげることができる。

変革意識とは、将来の事業への取り組みをどのように変革・改善していくのか、について戦略面から捉えていくものである。変革意識の度合いが高い場合、変革重視となる。今後経済・社会が変化していく中で、自法人もそれに対応して変化していくべきだと考える。自法人の組織構造や組織文化、組織能力について、その変革を追求するものである。たとえば、組織構造でいえばピラミッド型構造からフラット型構造への変革、組織文化でいえば前例踏襲型からイノベーション追求型への変革、組織能力でいえばデジタル活用型からAI・ロボット活用型への変革などがある。もし、将来規模拡大を目指すのであれば、従業員が増え、事業や業務が多様化することを想定した上で、それに対応した自法人の経営資源の活用に関する方向付けを行う。

競争意識とは、競合相手に対してどのように競争優位を獲得していくか、について戦略面から捉えていくものである。競争意識の度合いが高い場合、競争重視となる。今後経済・社会が変化していく中で、自法人は競合相手と望ましい姿で競争していくべきだと考える。ともすると、競争重視とは、競合企業からシェアを奪うことと考えがちであるが、そうではない。取引先の実需者、あるいは消費者に新たな価値を提供することで、バイヤーや顧客から支持を得ることに関する活動を意識することである。自法人が提供する新たな価値とは何か、を追求するものである。

ポジション思考とは、変革意識の軸と競争意識の軸から、自法人の事業戦略の位置づけを明確にしようとするものである。

5.2　ポジション思考の適用

（1）ポジション思考と事業戦略

企業は、革新的変革過程にある場合、外部環境の急激な変化に適応するために、個別戦略作成においてポジション思考を用いることが望ましい。これまでの事業戦略の作成方法に関する代表的な議論では、協調戦略、競争戦略、リスク対応戦略、ダイナミック・ケイパビリティ戦略が提唱されてきた。協調戦略とは他企業との連携やネットワーク化を意識した戦略である。競争戦略とは、自社のポジショニングを明確にし、競争優位の源泉をどのように見つけるかあるいは身に付けるかを意識した戦略である。マイケル・ポーターが提唱しそれが発展してきたものである。リスク対応戦略とは、不確実性のあるビジネス環境の中で、様々なリスクにどのように対処していくかを意識した戦略である。ダイナミック・ケイパビリティ戦略とは、変化の激しい時代において、社内資源に重点を置き、それを活用して組織能力をいかに充実していくかを意識した戦略である。これら４つは排他的で独立しているものではなく、重複した戦略を検討することが可能である。

協調戦略、競争戦略、リスク対応戦略、ダイナミック・ケイパビリティ戦略は、ポジション思考から見ると、**図5-1**のように位置づけられる。トップが、

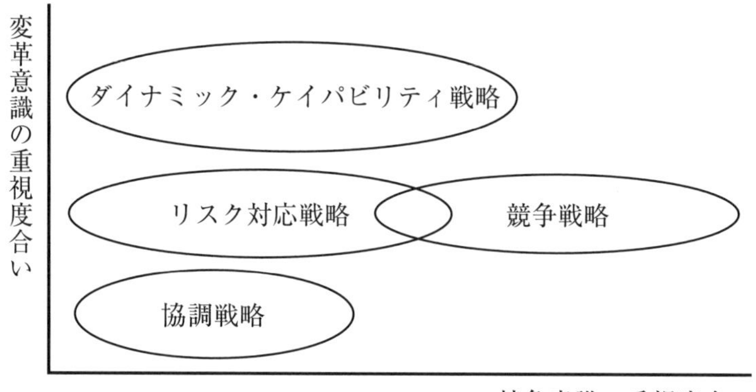

図5-1　ポジション思考における事業戦略の位置づけ

変革を重視し競争を重視しないのであれば、ダイナミック・ケイパビリティ戦略が有効である。トップが、変革を中程度に重視し競争を重視するのであれば、競争戦略が有効である。トップが、変革を中程度に重視し競争を重視しないのであれば、リスク対応戦略が有効である。トップが、変革を重視せずまた競争も重視しないのであれば、協調戦略が有効である。ただし、これら戦略は明確に分類されるものではなく、重複する部分もある。また、どれが最も望ましいとか優れているというものでもない。各法人は、自らの特徴を生かして事業戦略の思考法を採用すべきである。

（2）農業法人におけるポジション思考の適用

農業法人は、事業戦略を作成する場合、変革意識の重視度合いと競争意識の重視度合いを決めなければならない。対象事業に対するリーダーの考え方にもよるが、多くの場合、変革重視かつ競争重視とする方向を選択することは困難である。なぜならば、変革しながら競争優位を獲得していくことは不確実性が大きく、多様な経営資源を必要とするからである。したがって、競争重視とするかあるいは変革重視とするか、いずれかにウエイトを置くことが多いと考えられる。

たとえば、農業法人が、生産･栽培に注力し、販売先はJA（農業協同組合）や卸売市場をメインとする場合、生産過程では自然環境や気象条件の影響を受けやすいため戦略を作成しても変更せざるをえなくなることが多く、また短期間で生産・栽培方法を変更することは困難であるので、変革重視の戦略を採用しにくい。たとえば、JAや卸売市場を販売先のメインとしない農業法人については、加工事業や直接販売事業、サービス事業に取り組むにあたって、消費者や小売業、食品メーカーの変化ならびに競合産地の動向、インターネット活用技術の発展、制度や規制の変化等を意識せざるをえないので、競争重視の戦略を採用することとなる。

競争重視とするかあるいは変革重視とするかに関して、農業法人は次の6つのケースに分けられる。すなわち「競争重視で高程度の変革重視」「競争を意識せず高程度の変革重視」「競争重視で中程度の変革重視」「競争を意識せず中程度の変革重視」「競争重視で変革を意識せず」「競争を意識せず変革も意識せず」である。

「競争重視で高程度の変革重視」とする農業法人の場合、ハイリスクハイリターンの考え方を取り入れることから、規模の大きな法人が選択することが多い。近年、異業種間の相互参入が増えている[1)]。異なる事業構造を持つ企業が異なるルールで同じ顧客を奪い合う競争が見られる。農業分野では、農業法人が他業種へ参入する事例は少ないが、たとえば、無茶々園では、柑橘から抽出した精油と蒸留水を主原料として化粧品を製造している。サービス業として、農家レストランや農家民宿に取り組む事例もあるが、規模的に大きいものは少ない。また、ベンチャー企業はハイリスクハイリターンであるが、農業分野におけるベンチャー企業はもともと強固なポリシーや信念を持たなければならない。したがって、農業法人が取り組む例は少なくならざるを得ない。一般的な企業を対象とした議論では、変革も競争も重視する戦略も必要である。たとえば、ダイナミック・ケイパビリティ戦略に競争優位の考えを追加できる（競争重視とする）余地があるし、協調戦略に企業単位ではなく業界単位あるいは販売チャネル単位での競争優位の考えを追加できる（競争重視とする）余地がある。ここで、農業法人に対象を絞った場合、次のように考えることができる。もしある事業がうまくいっている場合、その競争優位を守ろうとするので、変革に着手することに躊躇するであろう。したがって、うまくいっている事業については、その競争優位を守ろうとするので、変革重視となることはない。もし、ある事業がうまくいっていない場合、当該事業を見直す必要があると考えるので、新たな市場を探すことよりも内部に関する変革重視型の戦略を優先することになる。いずれの場合でも、変革重視かつ競争重視の戦略を作成しようとする農業法人は少ないであろう。

「競争を意識せず高程度の変革重視」とする農業法人の場合、組織の変革を重視することから、組織力の充実を目指す。ブランド力のある農産物や加工食品を有する農業法人が、コスト削減や組織力アップによるコストパフォーマンスの向上を重視することが条件となる。

「競争重視で中程度の変革重視」とする農業法人の場合、チャレンジングな目標をたてて、それと同時に組織力もアップしようとする。組織の変革を入れ込みながら、ブランド力のある農産物や加工食品を育成しようとする。このため、新たな市場の獲得や競合法人との差別化を意識することが条件となる。

「競争を意識せず中程度の変革重視」とする農業法人の場合、ブランド力のある農産物や加工食品を有する。当該法人は、現有の市場での地位を守るため、適切なリスクマネジメントを担える組織力の醸成を狙いとする。

「競争重視で変革を意識せず」とする農業法人の場合、組織構造や組織能力はそのままで、チャレンジングな市場獲得を目指す。多くの法人は人材余力がないので、市場獲得の方法では外部の力に頼らざるを得ない。このため外部とのコラボレーションが求められるが、このとき競争を意識するのはコラボレーション先となる。したがって、農業法人が主体的に取り組む状況になりにくいので、戦略的とはいいがたい。すなわち、当該法人は、そもそも事業戦略を作成するインセンティブが小さい。

「競争を意識せず変革も意識せず」とする農業法人の場合、安定した市場獲得を維持しようとする。当該法人は、販売チャネルではJA出荷や卸売市場に依存しつつ、生産能力を向上させるため、JAや行政からの働きかけに積極的に応じる姿勢を持つ。その上で生産性や品質の向上に対するニーズを満たすため、生産方法について外部とのコラボレーションを模索する。

（3）ポジション思考適用の留意点

ポジション思考では、競争重視とするか変革重視とするかを決めることが起点となる。これに対応して、協調戦略、競争戦略、リスク対応戦略、ダイナミック・ケイパビリティ戦略が位置付けられる。これらは事業戦略を作成するための分析手法に位置付けられる。

どのような分析手法を使っても、その結果から自動的に事業戦略が導かれるわけではない。そもそも、作成した戦略は、どれが優れている、優れていないということはない。一長一短があるし外部環境の変化によって影響を受ける。将来のことなので、戦略作成時点では、より成功しやすいもの、よりモチベーションを持ちやすいものに決定しても、そのとおりになるとは限らないのである。それでも、農業法人は、分析結果を踏まえて、自らの意向を入れ込んで事業戦略を決定しなければならない。法人には個性があるので、ある戦略で他の法人がうまくいったからといって、当該戦略を自法人が真似すればうまくいくというものでもない。

ポジション思考の適用の対象が、事業戦略である場合、順番として、作成された事業戦略に基づいてマーケティング戦略を検討することとなる。すなわち、事業戦略の内容に適合する形で、マーケティングの要素である「取り組み事業の選択」、「販売チャネルの選択」、「インターネットの活用」について検討することとなる。

注

１）内田和成（2009）「異業種競争戦略」日本経済新聞出版社

第6章

システム思考

システム思考は個別戦略の作成に活用できる。システムはこれまでどのように捉えられてきたか、システムを構成する要素間の関連に着目するシステム思考はどのように発展してきたのか、その歴史を紹介する。

システム思考を用いてシステムの典型的な動作を表現するシステム原型とは何かについて述べる。

6.1　システム思考とは

(1) システムとシステム思考

「システム」という単語は、日常的に使われている。たとえば、「医療システム」「教育システム」「交通システム」といったように仕組みや制度を表すラベルとして使われることがある。これは狭義の「システム」であり、システムに関する研究においてはより幅広い範囲で用いられることが多い。

そもそもシステムをどのように捉えるか。システムという単語を用いてシステム理論を幅広い観点から検討し整理したのは生物学者フォン・ベルタランフィである[1)]。1970年代にシステムを抽象的に捉える「一般システム理論」を提唱した。「互いに交互作用をしている」部分からなるシステムの場合、分析的な手法は適用できない。このような場合、シミュレーション、集合論、グラフ理論、サイバネティクス、情報理論、オートマトン、ゲーム理論、決定理論、待ち行列理論等システム・アプローチを適用することとなると述べた。システム問題とは、分析的な手法の限界に起因する問題である[2)]。分析的な手法が適用できるためには、部分間の相互作用が全く存在しないか無視できるくらい弱くなければならない、また部分のふるまいを記述する関係が線形でなければならないことが要求されると述べた。

これに対して、ピーター・チェックランド、ジム・スクールズは、1980年代にシステムを「複合体である全体にはその全体性に関連した特性がみられる」という捉え方をした[3]。そして、システムには、創発特性（部分部分が結合することで全体としての機能が発揮されること）、階層性、生存（外部からの圧力に適応させるプロセスを有していること）の３つの能力が備わっているとし、各種活動システムを分析する手法としてソフト・システムズ方法論を提唱した。システム思考とは、課題解決のためにシステムの概念を用いることであり、たとえば、ソフト・システムズ方法論（SSM）[4]はそのひとつの事例といえよう。

SSMは、活動システムの関係者が学習サイクルを活性化させるための方法である。この学習サイクルは、システム・モデル（全体像を示すもので図で表現される）を使って現実世界の知覚について自省とディベートを行い、それに基づいて行動し、さらにその結果に基づいて自省するというループを通じて進展していく。自省とディベートを行うときにその資料となるシステム・モデルを作成するときには、論理的探索（課題や論点を整理すること）と文化的探索（介入の可否、社会的な背景、政治的な背景）の２つを行う。論理的探索では、インプットとアウトプットが明確である変換プロセス（活動）をベースとして特定する。そしてシステム・モデルでは、変換プロセス（活動）の関連性（依存関係）を表現する。変換プロセス（活動）の達成度合いは、可働性（この手段でうまくいくか）、効率性（１単位のアウトプットにどれくらいのインプットを利用したか）、有効性（より高いレベルの狙いに合致しているか）の３つの観点から評価する。

システム・モデルに基づいて知覚した現実を比較すること（ディベート）で改善点を探る。具体的には、モデルを頭の中であるいは紙上で再現し、それと現実とを比較する。この比較の目的は、システム・モデルそのものを修正することではなく、アコモデーションできる点を見出すことである。アコモデーションとは、異なる見解をもつ関係者の間の対立関係を解消するのではなく、これはそのまま存在させた上で関係者が協働しようとする状態に変換させていくことである。この変換操作において、文化的探索が有効に機能する場合がある。

事例として、ある企業で事業本部の中に通信システム販売部を新設し、その事業を明確にするという課題について考えてみる。まず検討対象としたのは、マネージャーの業務であった。適切な業務内容を概念化しその計画作成と実行に関する業務フローが作成された。その上で、マネージャーを含む通信システム販売部全体を対象として、全社の目的を所与として、マーケティングと開発の計画を受け取り、それを実行に移すシステムを考えた。この一環として、マーケティングコンセプトの構築に関するシステム・モデルを作成した。ここで重要なことは、関係者が作成中のシステム・モデルと現実の活動とを比較する作業と議論を通じてアコモデーションできる点を見出していくということである。このプロセスを通じて、マーケティングマネージャーは、全社戦略に基づいたマーケティング戦略を構築するためのシステム思考を身に付けていくのである。すなわち、システム・モデルと現実の活動とを比較するという作業を継続していく中で、アコモデーションできる点を見出していくことによって、システム・モデル、あるいは現実の活動をよりよいものにしていくのである。

SSMは、関係者がシステム思考を身に付けるための手法、あるいはプロセスといえる。関係者が、現実の業務をシステム・モデルとして図示し、それと現実とを比較することでディベートをしながら同図を修正していくという作業を繰り返しながら、関係者はシステム思考を身に付けていく。たとえば、マーケティング戦略を構築するためのシステム・モデルは、**図6-1**のとおりである。同図は、企業がマーケティング戦略を作成する（明文化する）ときのシステムを提示している。同図は、ある企業における関係者による自省とディベートによって作成されたものであり、他企業は同図をベースとして自社における自省とディベートによって自社にふさわしいマーケティング戦略の作成システムを提示していく必要がある。マーケティング戦略の作成

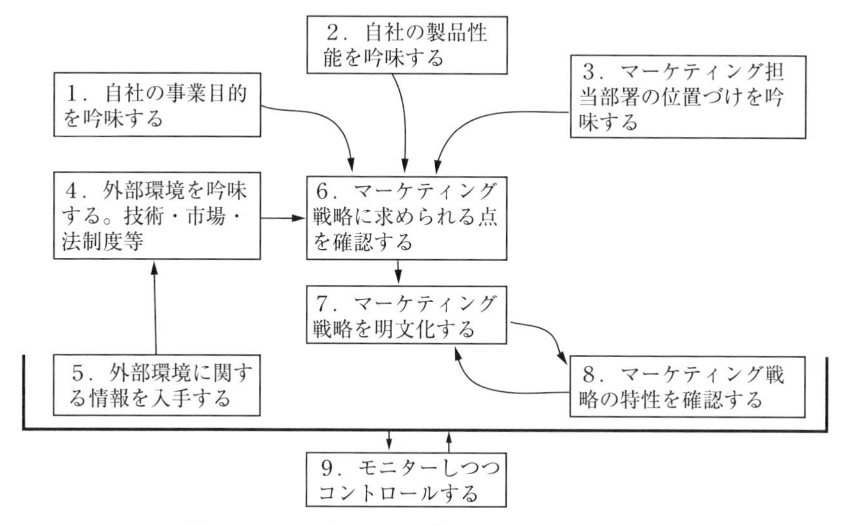

図6-1　マーケティング戦略の作成システム

注：ピーター・チェックランド、ジム・スクールズ、妹尾堅一郎監訳（1994）「ソフト・システムズ方法論」有斐閣を一部改正。

における課題は、「何を作るか」と「どう作るか」であるが、後者に関する示唆を与えるものである。

（2）システムとシステム思考の発展

ドネラ・H・メドウズは、2000年代初頭に、システムを「何かを達成できるように一貫した秩序をもつ互いにつながりあっている一連の要素の集合体」と定義した[5)]。また、ディヴィッド・ピーター・ストローは、2000年代初頭に、システム思考を「望ましい目的を達成できるように、要素間の相互のつながりを理解する能力」と定義した[6)]。そして、発生した課題に対応することに関して、従来の思考法とシステム思考の違いを述べている（**表6-1**）。

システムは、「要素」「相互のつながり」「機能」（または「目的」）から構成される[7)]。長期間にわたって一貫する挙動パターンをフィードバック・ループという。これには、ストックの水準を安定化させるバランス型フィードバック・ループとストックに対するインプットがあればあるほどインプット

表 6-1　課題解決のための従来の思考とシステム思考

従来の思考	システム思考
因果関係は明白で簡単にたどることができる。	因果関係は間接的で、明白ではない。
問題は、組織内外にいる他者のせいであり、変わるべきはその他者である。	私たちは無意識のうちに自分たち自身の問題を生み出しており、自分たちの挙動を変えることで問題解決のための手綱を握ったり、影響を及ぼしたりできる。
短期的に成功を得るために設計された施策は長期的な成功も約束する。	応急措置はたいてい予期せぬ結果をもたらす。長期的には何も変わらないか、事態が悪化する。
全体を最適化するためには、部分を最適化しなければならない。	全体を最適化するためには、部分と部分の関係を改善しなければならない。
多くの個別の取り組みに同時並行して積極果敢な対処をしなければならない。	いくつかの変化へのカギとなる協働的な取り組みを長期にわたって持続させることで、システム全体の大きな変化を生み出せる。

出典：ディヴィッド・ピーター・ストロー、小田理一郎監訳（2018）「社会変革のためのシステム思考実践ガイド」英治出版

が多くなる自己強化型フィードバック・ループがある。ここでストックとは、時間の経過とともに蓄積された物質や情報の蓄えであり、ストックに対するインプット（入り込むもの）やアウトプット（出ていくもの）はフローと呼ばれる。たとえば、バランス型フィードバック・ループでは、システムとしてサーモスタット装置が例示される。部屋の温度がストックであり、サーモスタットと連動して動作するエアコンがインプット、戸外へ出ていく熱がアウトプットとなる。自己強化型フィードバック・ループでは、システムとして楽器演奏における練習上達システムが例示される。練習時間がストックであり、楽器演奏における練習意欲がインプット、楽器演奏における上達度合いがアウトプットとなる。システムがうまく機能し持続するためには、元に戻す力や弾力性であるレジリエンス、自らの構造をより複雑にしていく自己組織化、自己組織化で生み出されるサブシステムを作り出すヒエラルキーと

いう3つが必要である。システムの構造を表現する手段としてシステム図がある。これは、互いに連動しているストック、フロー、フィードバック・ループからなる。

システムは必ずしも目的どおりに挙動するわけではない。既存のシステムを見ると、問題ある挙動が観察される場合がある。これらのシステム構造を見ると、共通のパターンがある。共通パターンの例を示すとともに、その対応方法を整理する。

〈共通パターン1〉

システムを構成する主体がそれぞれ異なる自分の目標を達成しようとする。ある主体が自らの目標に向けてフローを変化させてストックに影響を与えようとすると、他の主体も自らの目標に向けてフローを変化させてストックを安定化させようとする。そうすると、結果的にストックは変化しない。このような状況に対しては、すべての主体が各自の限定合理性から脱することができるような包括的な目標を提示することによって、サブシステムの目標の整合性をとれるような方法を見つけることで対応する。

〈共通パターン2〉

共有地の悲劇といわれる状況がある。牛飼いは、限定合理性のもとで共有の牧草地でできるだけ多くの牛を飼おうとする。牧草地は有限であるので、牧草を再生できる以上の牛が飼われる状態になると、牛の餌がなくなるので牛飼いは牛を飼うことができなくなり破綻してしまう。このような状況に対しては、メンバーを教育することや共有の牧草地を分割し私有化すること、相互の合意による規制の導入で対応する。

〈共通パターン3〉

パフォーマンスに対する楽観的な評価がある。システムの状態が悪化した場合、目標と実態のギャップを認めず、悪化した実態を受け入れてしまうことである。本来は、バランス型フィードバック・ループとして機能しなければならないが、ギャップを小さくするため目標を下げることで自己強化型フィードバック・ループとして機能することを受容する。このような状況に対しては、絶対的な評価基準を設けること、最悪の状況ではなく最良の状況を念頭に置いて目標を定めることで対応する。

〈共通パターン４〉

自己強化型フィードバック・ループであるエスカレーションの状況がある。競合相手が商品の価格を下げると自社もさらに価格を下げる。競合相手が広告を出すと自社はそれ以上の広告をだす。競合相手も自社もお互いに途中で止めることはできない。最終的にどちらか一方が続けることができなくなることで終止符が打たれる。このような状況に対しては、競争を一定の範囲内に収めるための統制を行い、バランス型フィードバック・ループを構築することで対応する。

〈共通パターン５〉

勝ち続ける者は勝ち続け、負け続ける者は負け続けるという自己強化型フィードバック・ループがある。勝者は多くの資源を手に入れることができるので、それを活用して有利な立場を維持できる。このような状況に対しては、「多様化」によって抜け出すことができる。イノベーションに取り組むことで新商品や新サービスを生み出すことができ、新しい市場を生み出すことができる。あるいは、定期的に競争条件を公平にする、勝ち続ける者がそうならないような制度を設けることで対応する。

〈共通パターン６〉

ルールのすり抜けがある。メンバーは決められたルールを守っているが、グレーゾーンを見つけて自分に有利な行動をとることがある。これによって、ルールの本来の目的が達成されなくなる。これは、システムに対して深刻な打撃を与える挙動を生み出す可能性がある。ルールのすり抜けは、上位のヒエラルキーから下位のヒエラルキーに対するルールの決定に対して、下位のヒエラルキーからの反応として生じる。このような状況に対しては、すり抜けに対して厳しく対応すること、あるいはルールを改正・撤回したりすることで対応する。

〈共通パターン7〉

システムの目標が、バランス型フィードバック・ループの挙動に適合していないことである。目標設定がずれている場合、システムは望ましい結果を生み出すことはできない。このような状況に対しては、「目的」と「手段」を混同しないことである。「手段」が目的とならないように気をつけることで対応する。

（3）システム思考と事業戦略

システム思考とは、「望ましい目的を達成できるように、要素間の相互のつながりを理解する能力」と定義される[8)]。その特徴は、**表6-1**に示した通りである。もともと、多くの要素が複雑に絡み合っている社会的課題の解決策を探るために開発された。社会的課題を解決する社会政策では、次のような特徴がある。根本的な問題に対する解決策ではなく対処療法が実施される。一見誰が見ても文句なしの対策と映り、短期的には成功を収める。意図せざるマイナスの結果が生じる。当事者には、問題が顕在化しても自分に原因があるとは気づかない。たとえば、次のような状況が見られる。

・問題が慢性的で、最善を尽くしているにもかかわらず、解決に結び付かない。
・関係者が意図は理解しているが、足並みをそろえて取り組むのが難しいと感じている。
・関係者が、自分に関与する部分だけを最適化しようとしている。
・関係者による短期的な努力が、問題を解決しようとしている意図と矛盾している可能性がある。
・関係者が、異なる事案に同時に取り組んでいる。
・継続的に学習することよりも、特定の解決策を優先させている。

組織がシステム思考を用いる状況とは、自らが安定的に発展していく時期にある漸次的進化過程において、修正や改善を繰り返す活動に重点を置く場合である。小規模な農業法人の場合、トップダウンの指揮命令系統で統制の取れた戦略実行が行われるだろう。しかしながら、複数の事業に取り組んでいく過程で、必ずしもすべてがうまくいくわけではない。それぞれの事業の連携がうまくいっていない、あるいはある個別事業が他の個別事業にマイナスの影響を及ぼす可能性がある。

（4）過去の実績に基づくシステム原型

システム思考は、現状での解決策を検討するケースと戦略を新規に作成するケースの２つで利用できる。後者の戦略を新規に作成するケースでは、将来あるべきシステムを机上で検討するものであり、イノベーションを伴うベンチャー企業において検討されるものである。

一方、すでに事業に取り組んでいる企業においては、それを踏まえて現状での解決策を検討することが有効である。以下では、当該ケースについて見る。

システム思考を用いて、解決策を検討するにはどうすればよいか。まずは、過去の実績からシステム図を作成して、問題が発生している状況の背景にあるストーリーを明らかにすることである。ここでシステム図を作成するにあたって、「システム原型」と呼ばれる典型的な動的ストーリーを提示する[9)]。

具体的には、次の10個があげられる。

①　うまくいかない解決策

何らかの問題が発生した場合、対処療法が実行される。この対処療法は、時間の経過とともに問題を悪化させるような長期的な意図せざる結果も生み出していく。

タイムラグがあるので、長期的な意図せざる結果の原因が対処療法にあることに気づかず、対処療法を継続して実施していく。

たとえば、プロジェクトの期限に間に合わせようとして残業を重ねた。しかし残業による疲労蓄積のため作業効率が低下し、より大きな期限超過に陥ってしまった。たとえば、メーカーが売り上げを伸ばそうと小売企業へ廉価で大量販売をした。小売企業は廉価で販売したため、メーカーのブランドイメージが低下してしまいその後の取引における販売価格の低下を招いた。

②　問題のすり替わり

何らかの問題が発生した場合、短期的に解決するのか、長期的に解決するのか、が明確になっていない。

長期的に解決する方法がわかっているにも関わらず、それを実行するのに必要な意欲や投資を生み出すことができない。

短期的には対処療法がうまくいくので、一時的には問題が解決される。これが繰り返されると、ますます対処療法に頼るようになる。これによって、長期的に解決するときに必要な資源が対処療法で消費されてしまう。

たとえば、上司が部下に仕事を任せる場合、部下のミスが目立つからといって上司が代わって仕事をこなしてしまうと、部下はいつまでたっても仕事を覚えず、ひいては上司は部下の仕事をやり続けることになる。

③　成長の限界

一般的に、特定のビジネス（取り組み）が永遠に成長することはない。なぜなら、外的要因・内的要因によってその成長は制約を受けるからである。

外的要因とは、顧客の商品・サービスへのアクセスのしやすさなどであり、内的要因とは、マネジメント能力、生産能力などである。

④　強者はますます強く

ＡとＢが競争状態にある場合を考える。ＡがＢより優位に立っている場合、Ａはその優位性を利用してさらなる資源を調達することができる。一方でＢは、新たな資源をますます生み出せなくなり、時間の経過とともに不利な状況に陥っていく。

⑤　予期せぬ敵対者

ＡとＢが協調状態にある場合を考える。Ａが思ったよりうまくいっておらず、その原因が自分にあると考えた場合、何らかの独自の解決策を講じる。この解決策が意図せずにＢの成功を妨げる。

⑥　目標のなし崩し

最も容易に行える解決策の実行によって、全体のパフォーマンスが低下する。

⑦　バラバラの目標

対立する目標がある場合を考える。このとき、同じ行動によって2つの異なる目標を達成することはできない。

複数の目標がある場合を考える。あまりに多くの目標を達成しようとしてどの目標に対しても効果をあげられない。

⑧　エスカレート

AとBが競争状態にある場合を考える。AがBを支配しようとして何らかの対策を実行すると、Bのほうはそれに対して、ますますエスカレートして対抗しようとする。

⑨　共有地の悲劇

どの当事者も自らの管理責任を負っていない共同の資源が枯渇することである。

たとえば、限られた経営資源について、個々の部署が管理部署に対して過剰な要求を出し、結果的にその資源の効果が弱まる。

⑩　成長／投資不足

自らが生み出す限界のストーリーである。高まる需要があるにも関わらず、その事業への投資が不十分な場合、需要自体が減退していく。この場合、需要の減退の原因が、自らの投資の不十分さにあると考えず、そもそも需要がなかったのだと考える。

自法人が何らかの活動を行っている場合、それによって顕在化する問題の背景にある事象をパターン化すると上記のいずれかに当てはまる。各法人は、関係者（従業員、取引先など）からなるシステム上で事業を遂行している。このシステムを踏まえて、顕在化する問題の背景にある事象を正確にとらえることが必要である。

6.2　マーケティング戦略におけるシステム原型―事業選択とチャネル選択との関連性

(1) 関連性

マーケティング戦略における事業選択とチャネル選択の関連はどのようなものか。

事業選択において、加工に取り組むのであれば、加工食品の販売チャネルを開拓しなければならない。自前で製造工場を所有し加工食品を製造する場合、関連する原材料の調達とともに、販売チャネル別に加工食品の在庫に関する内容について検討する必要がある。

チャネル選択において、市場流通をメインに考えるのであれば、事業選択は生産中心となる。直接消費者に販売したいと考えるのであれば、取り組み事業として、直売所販売やネット・カタログ販売に取り組む。

小規模な農業法人においては、リーダー（経営者）が事業選択とチャネル選択を行う場合がある。このような場合、事業選択とチャネル選択におけるギャップは小さい。規模が大きくなるにつれて、リーダーが事業選択、営業部門がチャネル選択を担うようになる。このような場合、事業選択とチャネル選択における人的・情報的ギャップは徐々に大きくなるので、システム思考が必要とされる場面は増える。

(2) システム原型

システムの要素である事業選択とチャネル選択のつながりを、システム思考に当てはめて考えてみる。生産に注力し販売は市場流通に委ねる方針であれば、マーケティング戦略の必要性は小さい。加工に取り組むならば、加工食品のマーケティング戦略を検討しなければならない。実需者販売やネット販売に取り組むならば、自法人内にマーケティング担当部署を設置しなければならない。

成長志向を有する農業法人において、多くの事業に取り組みたいと考える場合、一方では、販売チャネルも多様化せざるをえないが、売上は固定化・安定化したいという意向もある。これとは異なり、取り組み事業を生産中心に絞り込んで、チャネルは安定している市場流通を選択することがある。

適用可能なシステム原型は、次のとおりである。

〈バラバラの目標〉

売上拡大を目指して多くの事業に取り組めば取り組むほど、それに応じて販売チャネルも増える。多くの事業に取り組めば、それぞれの販売先を管理する、あるいは拡大することが必要となるが、これに対応できない場合、場当たり的な中途半場な販売チャネルとなりがちである。

〈予期せぬ敵対者〉

加工事業に取り組んでいて加工部門と販売部門の間の協調関係が薄い場合が該当する。加工部門は競争力のある加工食品を多く生み出していると考える。それでも売上が伸びないのは、販売部門がうまく機能していないからだと考える。一方で、販売部門は販売チャネルの拡大に努めていると考える。それでも売上が伸びないのは、加工食品の魅力がないからだと考える。

〈成長／投資不足〉

加工事業に取り組んでいる場合、次のような考えを持つ農業法人が存在する。加工食品のおいしさは生食品にかなうことはなく、消費者にできる限り生食品の新鮮なおいしさを提供したいと考えている。このため、まずは農産物を生のままで食べられるよう生産したいと考え、どうしても生じざるをえない規格外品はできるだけ少なくするよう努力する。農産物生産において、規格外品は少なければ少ないほど望ましいと考え、加工食品を安定供給するという意識が弱い。すなわち、加工食品の開発に注力する状況にいたらず積極的な投資に踏み切らない。加工食品の生産の不安定化によって販売チャネルは固定しないので、実需者販売をできず、直売所で販売する形態となる。

ただし、上記以外に、今後の食ライフスタイルは簡便化・外部化が進むことから、加工食品に対するニーズは高まり、それに対応すると考える農業法人も存在する。

6.3　マーケティング戦略におけるシステム原型―事業選択とインターネット活用との関連性

(1) 関連性

マーケティング戦略における事業選択とインターネット活用の関連はどのようなものか。

事業選択において、生産中心に取り組むのであれば、スマート農業について検討することとなる。

インターネットの活用に興味があるのであれば、事業選択においては、消費者への直接販売、あるいは、eマーケットプレイスやショッピングモールサイトへ参加することとなる。

(2) システム原型

システムの要素である事業選択とインターネット活用のつながりにシステム思考にあてはめて考えてみる。生産に注力するならば、スマート農業に取り組むことが有効かもしれない。ネット販売に取り組むならば、自社ホームページでの販売あるいはショッピングモールサイトへの出店に取り組むこととなる。大手の実需者販売に取り組むのであれば、電子商取引に関する組織能力を身に付けなければならない。

成長志向を有する農業法人は、多くの事業に取り組みたいと考え、一方では、その過程でインターネット活用にも力を入れたいと考える。

適用可能なシステム原型は、次のとおりである。

〈強者はますます強く〉

多くの事業に取り組むことで規模が拡大する農業法人では、これらを担う多様な人材が充実することによりインターネット活用にますます積極的になる。一方で、事業を絞り込んでいる農業法人は、生産規模拡大によって成長するので、インターネット活用も当該分野に集中する。したがって、この分野以外のインターネット活用にはますます消極的になる。

ネット販売が好調で、農産物の売上が伸びた場合においては、注文が殺到する時期が農繁期に集中してしまい、収穫作業や出荷作業で多忙のため、トータルでの労働時間が増えてしまう。このため、インターネット活用のメンテナンスに手が回らなくなる。

〈目標のなし崩し〉

ショッピングモールサイトやホームページ上でのネット通販での売り上げ目標を達成できない場合、農産物の差別化に取り組むことは短期的には困難なので、価格の引き下げに踏み切らざるを得ない。この行動は利益を圧迫するので、継続的ではない。この課題を乗り越える方策が見つからないので、あきらめて従来の取り組みに戻っていく。

〈共有地の悲劇〉

ITに取り組むことに熱心な農業法人においては、ホームページを開設すること・維持すること自体が自己目的化してしまう場合がある。このような場合、魅力的なコンテンツがなくても情報発信してしまう。ホームページでの情報提供と取り組んでいる事業とのつながりが希薄になる。

〈予期せぬ敵対者〉

加工事業に取り組んでいて加工部門と販売部門（あるいはマーケティング部門）の間の協調関係が薄い場合が該当する。加工部門は消費者のニーズを知りたいと考える。一方で、販売部門（あるいはマーケティング部門）は、消費者ニーズを伝えているはずだと考える。このギャップの原因が不明のため、お互いに不信感をいだき、このような状況が続いてしまう。

〈成長／投資不足〉

多くの事業に取り組んでいても、行政からの支援もあるため、ITやインターネット活用の対象は、生産部門に偏りがちである。このため、加工部門や直接販売部門にインターネット活用に関する投資がなされない。

多くの事業に取り組んでいる中で、生産部門以外におけるIT活用の重要性は相対的に低い位置づけにあるので、法人内にIT専門人材を抱えることができない。結果的にSNSマーケティング等IT関連事業については外部に頼らざるをえず、農業法人主導型の主体的な取り組みをしにくい。

6.4　マーケティング戦略におけるシステム原型―チャネル選択とインターネット活用との関連性

（1）関連性

マーケティング戦略におけるチャネル選択とインターネット活用の関連はどのようなものか。

市場流通をメインとするのであれば、集出荷施設や保管施設に対する投資の優先順位が高く、インターネット活用はロジスティクス戦略に特化する。

市場外流通において、ネット通販に取り組むのであれば、差別化について検討しやすいことから加工食品が望ましい。ここでは、魅力ある加工食品を企画・開発する余地がある。ここで消費者の潜在ニーズを探る手法としてSNSマーケティングに取り組む。

（2）システム原型

システムの要素である販売チャネル選択とインターネット活用のつながりを、システム思考に当てはめて考えてみる。販売チャネルが大手の実需者や食品加工・卸売業者の場合、自法人内に電子商取引に関する組織能力を具備しなければならない。販売チャネルとして、消費者に直接販売するならば、顧客管理システムを整備する必要がある。ネット販売するならば、D2Cやeマーケットプレイス、SNSマーケティングの可能性を探らなければならない。

成長志向を有する農業法人は、安定した販売先を確保したいと考え、一方では、その過程でインターネット活用にも力を入れたいと考える。

適用可能なシステム原型は、次のとおりである。

〈うまくいかない解決策〉

ショッピングモールサイト上でのネット通販の売上を伸ばすため、同種の他の競合商品と比べて価格を低くして販売し、初期時点ではうまくいった。その後、競合商品の価格が下がってくるにつれて、価格競争は激しくなり価格低下圧力が増す。しかし、特に小規模な農業法人においては、他の既存の販売先との価格差が大きくなる、また利益を圧迫する、規模の経済を追求しにくいため、一定以上の価格低下を実現できない。

D2CやSNSマーケティングに取り組んでおり、それなりのコミュニティを形成している。徐々にその内容がマンネリ化し、更新時期の間隔が開きがちとなる。

〈成長の限界〉

固定客が増え、加えて口コミ客が増えることで、ネット通販での売上は順調に伸びたが、他の販売チャネルとの調整がつかず、短期的に生産量を増やすことは困難であるため、顧客の需要にこたえられず販売機会損失が生じる。

固定客が高齢化して注文数が減少してきたため、新規の顧客を獲得したいが、その方法がわからず増やすことができない。

ネット通販でそれなりの売上があったが、少しずつ減少傾向を示すようになってきた。ターゲット顧客の設定や潜在ニーズの明確化に関するノウハウがないため対策を打ち出せず、情報更新が徐々になされなくなる。

〈バラバラの目標〉

とりあえず、周りに相談してインターネットのホームページを開設し、ネット通販を始めたが、アクセス数がほとんどなく、売上の拡大につながらなかった。

〈エスカレート〉

ショッピングモールサイト上のネット通販で売上を伸ばすため、価格を低くおさえて販売したが、他法人がそれより安価な価格で提供してきたため、売上確保の維持の観点から価格を下げざるをえなくなった。

〈成長／投資不足〉

ネット通販で売上は順調に伸びて、多くの顧客に販売している。さらに消費者や事業所のターゲットを広げるため、ホームページやSNSのコンテンツを更新する人材を充実させたいが、当該分野に不案内なため、これへの投資ができない。また、従来の販売先に加えて、ネット通販による注文に関する配送・請求・入金・アフターフォロー・クレーム処理をこなす必要があるが、そのための人材確保への投資ができない。

販売先の企業から電子商取引の要請があったが、これに対する投資まで手が回らず、商談の不成立要因となる。

6.5　基本的なシステム図

（1）システム変革の考え方

現状のシステムを変革する際、その考え方には２つある[10)]。ひとつめは、成功を増幅させようとすることである。ふたつめは、欠陥を修正しようとすることである。

過去の実績や経験に基づいてシステム図を作成することで、過去の過ちを繰り返すことを避けることができる。また、どこを改善すればよいのかを見つけることも可能となる。この時、選択肢が多すぎたり、経営資源が少なすぎたりすると、改善策を見つけても、それを実行に移すことが困難となる。システム思考を用いて、相互に依存している要素を長期にわたってコントロールしていくことができるような戦略を作成することが有効である。

この戦略には、２つのパターンがある。「成功増幅の戦略」と「目標達成の戦略」である。

成功増幅の戦略とは、長期にわたって成功が積み重なってさらなる成功を生み出す要因群から始まる。重要な成功要因であると認識しているものを列挙する。持続的な成長を確保するためには、当初の成功のエンジンを超えるような計画を作成する。当初の成功のループに起こりうる限界を考慮し、時間の経過の中で新たな成功のエンジンを生み出すことによって、自らの限界をどのように乗り越えるかを予測する。

目標達成の戦略とは、現実とビジョンとの間の乖離を解消しようとするものである。乖離を縮めるために必要な修正を特定するところから始まる。効果がありそうな修正を見極めるためには、その乖離を生み出す根底の構造を明らかにする。乖離を解消するためには時間的遅れが必要となる場合が多いので、根気強く修正を続けることが重要である。

（2）成功増幅の戦略

成功増幅の戦略は、事業戦略の実行がうまくいっている場合に適用される。たとえば、ネット通販事業に取り組んで、その成果が当初の目標を上回っている場合である。この場合、うまくいっているからといって、手放しで喜んで放置していいわけではない。成功した要因を探し出し、それを他の事業に応用することで、さらなる法人の成長や持続的な成長を達成できる。既存の成功を積み重ねてさらなる成功を生み出し、限界を予測して次の成功につなげ、長期にわたって新たな成長のエンジンを作り出す（**図6-2**）。なお、シ

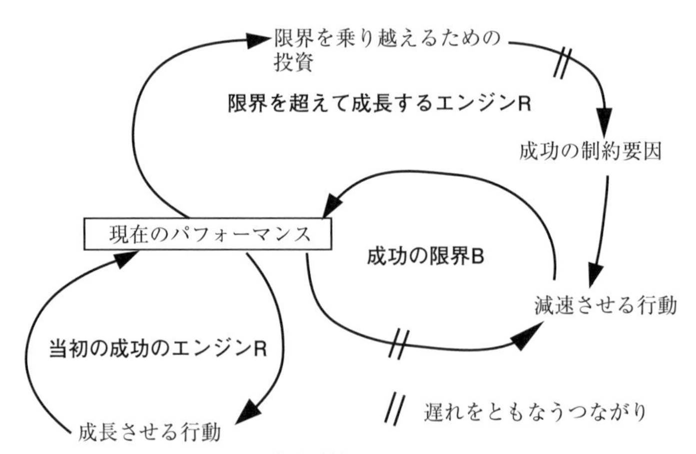

図6-2　成功増幅のシステム図

出典：ディヴィッド・ピーター・ストロー、小田理一郎監訳（2018）「社会変革のためのシステム思考実践ガイド」英治出版

ステム図の表記は次のとおりである。

・ A→B：Aが変化するとBが変化する。

・ A⇸B：遅れを伴う変化となる。

・ ～R：自己強化型ループ。増強、または好循環、悪循環など。

・ ～B：バランス型ループ。抑制、または制限、自己調節など。

（3）目標達成の戦略

目標達成の戦略は、事業戦略の実行がうまくいっていない場合に適用される。たとえば、ネット通販事業に取り組んで、その成果が当初の目標を下回っている場合である。この場合、そのような状況にいたっている根本的な要因を探し対策をうつことは容易ではない。だからといって、そのまま放置していいわけでもない。一方で、なんらかの変革に着手せざるをえない。

変革に着手するための方向として、目標達成におけるシステム思考では、二つの考え方がある。当初の取り組み改善を重視する考え方（目標はそのままで実態を修正していく）と、ビジョン・成長を重視する考え方（実態はそのままで目標や将来を修正していく）である。

当初の取り組み改善を重視する考え方は、それまでの取り組みの改善を意識したトレンド上で、少しずつ変革していく。目標達成の戦略のうち、当初の改善を重視する戦略は、望ましい目標を達成する当初の改善を確認し、その道筋からそれないことと、効果的であるために課題について考え直すことの両方の重要性を示す（**図6-3**）。

ビジョン・成長を重視する考え方は、新たな成長のエンジンを見つけて変革していく。ビジョンを磨き、追加的な成長行動を培い、成功の配当に投資することで、継続的に改善していく（**図6-4**）。

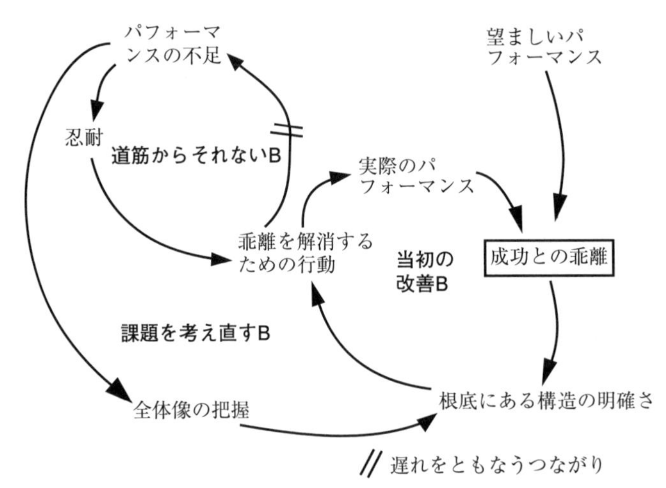

図6-3 目標達成のシステム図（当初の改善を重視する場合）

出典：ディヴィッド・ピーター・ストロー、小田理一郎監訳（2018）「社会変革のためのシステム思考実践ガイド」英治出版

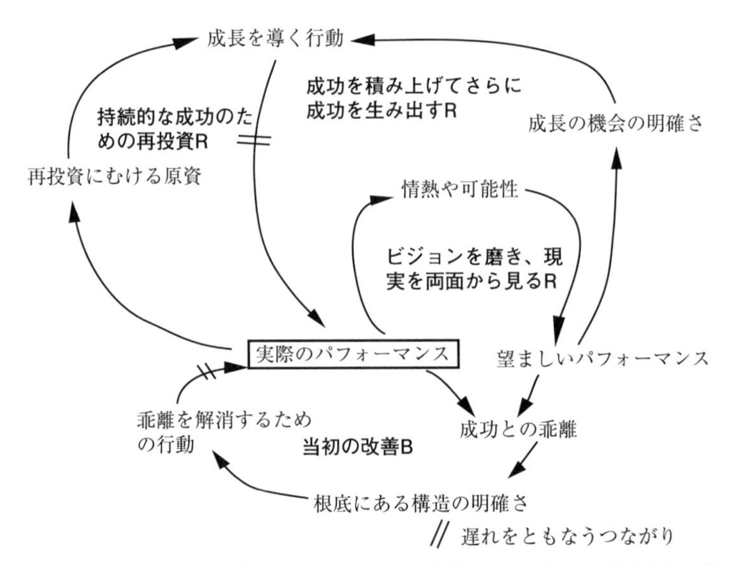

図6-4 目標達成のシステム図（ビジョンと成長を重視する場合）

出典：ディヴィッド・ピーター・ストロー、小田理一郎監訳（2018）「社会変革のためのシステム思考実践ガイド」英治出版

注

1）フォン・ベルタランフィ、長野敬訳（1973）「一般システム理論―その基礎・発展・応用」みすず書房
2）解析的な手法としては、コンピュータシミュレーションによって時間の経過とともに変化するシステムの挙動を解明しようとするシステムダイナミクスがあり、これもシステム思考の一つといえよう。ただし、マーケティング戦略作成におけるシステムダイナミクスの活用については、シミュレーションモデルを作成するために必要なデータの収集に制約があり困難を伴うと考えられる。
3）ピーター・チェックランド、ジム・スクールズ、妹尾堅一郎監訳（1994）「ソフト・システムズ方法論」有斐閣
4）ピーター・チェックランド、ジム・スクールズ（1994）を参照した。
5）ドネラ・H・メドウズ、枝廣淳子訳（2015）「世界はシステムで動く―いま起きていることの本質をつかむ考え方」英治出版
6）ディヴィッド・ピーター・ストロー、小田理一郎監訳（2018）「社会変革のためのシステム思考実践ガイド」英治出版
7）ドネラ・H・メドウズ（2015）を参照した。
8）ディヴィッド・ピーター・ストロー（2018）を参照した。
9）ディヴィッド・ピーター・ストロー（2018）を参照した。
10）ディヴィッド・ピーター・ストロー（2018）を参照した。

Ⅲ　戦略作成編

第7章

農業法人の取り組み事業の特性

事業戦略、マーケティング戦略の作成の前提として、農業法人がどのような事業に取り組んでいるのか、ならびに取り組もうとしているのかが重要である。

本章では、農業法人が取り組んでいる事業、また今後注力する事業について整理するとともに、これらに基づいて農業法人のグループ化（パターン化）を行う。これを踏まえて、農業法人の取り組み事業の多様化に応じたポジション思考とシステム思考の適用について述べる。

7.1　農業法人の取り組み事業の拡充

（1）取り組み事業の拡充の位置づけ

農業法人は、生産事業に加えて、加工事業、直販事業、ネット通販事業など多様な事業に取り組む場合が多い。取り組む事業の種類は、法人の設立時期、規模、リーダーの考え方等によって異なる。取り組み事業の選択は、経営戦略作成における全社戦略作成の中で行われる。加工事業、直販事業、サービス事業などの選択肢がある中で、どの事業に着手することが望ましいのか検討し、決定しなければならない。一般的に、取り組んでいる事業が成功するかどうかは、どの事業を選択するか（意思決定論）、また決定した事業をどのようにして成功に導いていくか（実践論）、の両方によって決定される。すなわち、事業に取り組んでいく上で、着手・遂行・撤退に関していかに戦略的・合理的に進めていくかも重要である。

農業法人が作成する事業戦略、マーケティング戦略は、自身が取り組んでいる事業と今後注力しようとする事業の種類によって異なる。たとえば、現在取り組んでいる事業を拡大しない場合と今後新規の取り組み事業を拡大しようとする場合では、戦略の作成方法は異なる。これらは、全社戦略におけるドメインの設定に該当し、事業戦略、マーケティング戦略等個別戦略は全社戦略に従う。本書では、**図3-1**に示した通り、マーケティング戦略の要素として、取り組み事業の選択を取り上げており、場合によってはマーケティング戦略検討の出発点として位置付けることが可能である。

（2）取り組み事業の拡充方向の実態

農業法人は、現在どのような事業に取り組み、また今後どのような事業に取り組もうとしているのか、について、筆者の研究室が行ったアンケート（以下「事業選択アンケート」という）で見てみたい。全国の農業法人に対して、2020年11月に郵送配布郵送回収のアンケートを実施した[1)]。有効回収数は412件である。412回答法人の属性は**表7-1**のとおりである。取扱農産物をみると、米57.0％、野菜51.7％、麦・豆・そば35.0％であり、果樹や畜産は少なかった。常勤雇用者数をみると、「４～７人」27.7％、「１～３人」19.9％、「８～12人」18.2％、であり、「30人以上」も8.5％存在する。年間売上高をみると、「2,000万円以上6,000万円未満」25.2％、「6,000万円以上１億円未満」18.9％、「１億円以上１億6,000万円未満」16.3％であり、1億円以上の法人が44.3％を占める。取り組んでいる事業を、農産物栽培・生産、農作業受託、加工事業、直売所販売、カタログ販売やネット販売、実需者販売、観光農園、農家レストラン、の８つに分類して尋ねたところ、農産物栽培・生産98.1％、農作業受託44.9％、加工事業39.3％が高い。また、農業法人あたり取り組み事業数の平均は３つである。

まずは、全体的な取り組み事業実態を整理する。現在取り組んでいる事業では、「農産物栽培・生産」98.1％、「農作業受託」44.9％、「加工事業」39.3％、「直売所販売」36.2％、「カタログ・ネット販売」35.2％、「実需者販売」30.3％であった。

今後注力する事業を見ると（**図7-1**）、「農産物栽培・生産」66.3％、「カタ

表 7-1　回答者の属性（事業選択アンケート）

項　目		割合 n＝412
取扱農産物	米	57.0
	野菜	51.7
	果樹	19.7
	麦・豆・そば	35.0
	肉牛・豚・鶏	12.6
	酪農	6.8
常勤雇用者数	0 人	8.5
	1〜3 人	19.9
	4〜7 人	27.7
	8〜12 人	18.2
	13〜19 人	8.7
	20〜29 人	8.5
	30 人以上	8.5
年間売上高	2 千万円未満	11.7
	2 千万円以上 6 千万円未満	25.2
	6 千万円以上 1 億円未満	18.9
	1 億円以上 1.6 億円未満	16.3
	1.6 億円以上 2.4 億円未満	10.0
	2.4 億円以上 4 億円未満	6.8
	4 億円以上	11.2
現在の事業	農産物栽培・生産	98.1
	加工事業	39.3
	直売所販売	36.2
	カタログ・ネット販売	35.2
	実需者販売	30.3
	農作業受託	44.9
	観光農園	11.2
	農家レストラン	7.0
今後の新規・充実事業	農産物栽培・生産	66.3
	加工事業	33.3
	直売所販売	27.2
	カタログ・ネット販売	35.0
	実需者販売	20.4
	農作業受託	20.1
	観光農園	11.4
	農家レストラン	7.8

ログ販売やネット販売」35.0％、「加工事業」33.3％、「直売所販売」27.2％、「実需者販売」20.4％であった。当然のことながら、生産戦略の必要性が最も高かった。今後注力する事業として「農産物栽培・生産」以外のいずれかの事業を選択した農業法人については、マーケティング戦略の作成は重要な課題である。

今後注力する事業として、新規事業（新規に取り組みたい）と既存事業（取り組み済で今後力を入れたい）に分けて観察する（**図7-2**）。なお、農産物栽培・生産についてはすべての法人が拡充の取り組みと回答しており、**図7-2**では省略した。新規事業と回答した法人数割合を見ると（複数回答）、「加工事業」12.4％、「カタログ販売やネット販売」10.2％、「直売所販売」8.5％、「観光農園」5.0％、「農家レストラン」5.0％、であった。当該農業法人は、新規事業に取り組みたいということで変革志向である。一定数程度存在し、加工や販売、サービスなど多様な事業に取り組みたいとしている。次に、現在すでに取り組んでおり、今後それを充実させたいとしている事業を見ると（複数回答）、「カタログ販売やネット販売」24.8％、

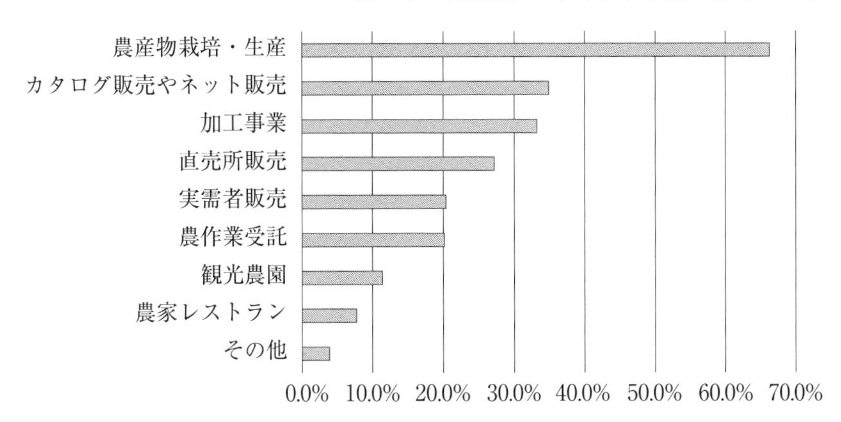

図7-1　今後伸ばしたいあるいは新規に取り組みたい事業

出典：「事業選択アンケート」より作成。

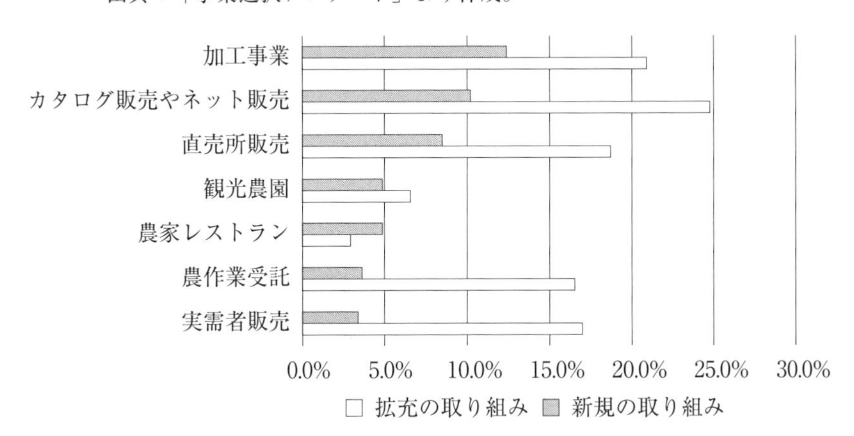

図7-2　今後の取り組み事業（新規・拡充）

出典：「事業選択アンケート」より作成。

「加工事業」20.9％、「直売所販売」18.7％、「実需者販売」17.0％、「農作業受託」16.5％であった。これらについては、うまくいっているのでさらに発展させたい、あるいはうまくいっていないのでテコ入れしたいという意向があることが想定される。当該農業法人に対しては、競争重視を念頭においた事業戦略が必要である。変革重視、あるいは競争重視の農業法人は、一定数程度存在することが分かった。事業戦略を作成すべき事業は、加工や販売、サービスなど多様であるが、いずれの事業においてもマーケティング戦略の作成の必要性は高いという共通点がある。

新規事業に取り組む意向を持っている農業法人は、変革重視であるので、ポジション思考によれば、その事業戦略をダイナミック・ケイパビリティ戦略、あるいは競争戦略に基づいて検討することが望ましい。また、特に競争を重視するのであれば、競争戦略に基づいて検討することとなる。既存事業の充実意向を持っている農業法人は、変革を重視しない傾向があるので、その事業戦略をリスク対応戦略、あるいは協調戦略に基づいて検討することが望ましい。特に、農産物生産・栽培事業については、農業リスクへの対応や公的機関とのコラボレーションが行われてきていることが多いので、これまでの活動を踏まえることとなる。

7.2　現在と今後の取り組み事業の組み合わせ

（1）取り組み事業による農業法人のグループ分け

まず、農業法人が、どのような事業に取り組んでおり、またどのような事業に取組もうとしているのかを整理する。

事業選択アンケートにより、現在の取り組み事業と今後の新規・充実取り組み事業に関するクラスター分析を行った[2)]。法人ごとに、現在取り組んでいる事業において、取り組んでいる場合は「１」、取り組んでいない場合は「０」として、今後の新規・充実事業において、該当する場合は「１」、該当しない場合は「０」として、この数値を用いて階層的クラスター分析を行った。クラスターの階層数については、回収数が412であるのでひとつのクラスターに属する法人数が数十から100サンプル程度になること、またクラスターの特性を特定しやすいことを勘案して５つとした。クラスター分析結果は**表7-2**のとおりである。現在取り組んでいる事業について、クラスター１は、「直売所・農作業受託」型（該当数81、割合19.7％）で、農作業受託に加え消費者直販にも取り組んでいる。クラスター２は、「実需者販売・農作業受託」

表7-2　現在の事業と今後の新規・充実事業によるクラスター分析結果

		農産物栽培・生産	加工事業	直売所販売	カタログ・ネット販売	実需者販売	農作業受託	観光農園	農家レストラン
現在の事業	「直売所・農作業受託」型（n＝81）	97.5	8.6	75.3	44.4	40.7	50.6	0.0	1.2
	「実需者販売・農作業受託」型（n＝95）	93.7	7.4	1.1	0.0	51.6	77.9	2.1	2.1
	「多事業」型（n＝55）	92.7	78.2	78.2	80.0	23.6	25.5	80.0	47.3
	「加工・通販・農作業受託」型（n＝105）	96.2	100.0	41.9	61.9	28.6	53.3	0.0	0.0
	「生産」型（n＝76）	97.4	0.0	0.0	0.0	0.0	0.0	0.0	0.0
今後の新規・充実事業	「生産中心」型（n=157）	77.7	0.0	14.6	3.8	26.8	2.5	3.2	0.6
	「生産・農作業受託」型（n=39）	61.5	0.0	0.0	0.0	28.2	100.0	5.1	0.0
	「ネット・カタログ販売」型（n=79）	10.1	41.8	43.0	70.9	0.0	1.3	26.6	30.4
	「生産・加工」型（n=45）	71.1	100.0	28.9	0.0	0.0	17.8	0.0	0.0
	「多種類」型（n=92）	94.6	64.1	45.7	89.1	33.7	33.7	20.7	7.6

注：数値は、クラスターごとに各事業に取り組んでいる、あるいは取り組もうとしている（新規・充実）と回答した法人数の割合を表す。

型（同95、23.1%）で、農作業受託に加え事業者直販にも取り組んでいる。クラスター3は、「多事業」型（同55、13.3%）で、多種類の事業に取り組んでいる。クラスター4は、「加工・通販・農作業受託」型（同105、25.5%）で、農作業受託に加え加工品の通販にも取り組んでいる。クラスター5は「生産」型（同76、18.4%）で、生産のみに取り組んでいる。このように農業法人の多くは、多様な事業に取り組んでいる。

また、農業法人が今後充実させたい、あるいは新規に取り組みたい事業について、クラスター１は、「生産中心」型（該当数157、割合38.1％）で主に生産に注力予定である。クラスター２は、「生産・農作業受託」型（同39、9.5％）で農作業受託を拡大する意向を持っている。クラスター３は、「ネット・カタログ販売」型（同79、19.2％）で消費者直販に注力予定である。クラスター４は、「生産・加工」型（同45、10.9％）で特に加工に注力予定である。クラスター５は、「多種類」型（同92、22.3％）で多種類の事業に注力予定である。今後生産をメインにしたい（クラスター１＋クラスター２）という農業法人が47.6％と約半数であった。

全体的にみると、現状では多様な事業に取り組んでいる一方で、今後注力する事業では生産中心型が38.1％と最も多いことから、生産以外の事業の取り組みに課題を抱えていること、あるいは生産以外の事業にどのように取り組んでいけばよいのかわからない状況にあること、もともと生産に特化したいと考えていることが推測される。現状で生産以外の事業の取り組みに課題を抱えている農業法人に対しては、マーケティング戦略検討に関するヒントを提供することは、その課題解決に有効である。また今後注力する事業で「多種類」型に該当する法人も22.3％と比較的多いことから、法人による今後の取り組み事業の考え方は、集中事業傾向（生産中心型）と分散事業傾向（多種類型）に２極化している可能性がある。マーケティング戦略の検討において、集中事業傾向の法人は、販売チャネルの選択あるいはインターネット活用を出発点として、分散事業傾向の法人は、取り組み事業の選択を出発点として検討していくことが有効である。

（2）現在と今後注力する取り組み事業の組み合わせ

農業法人が個別戦略を検討するためには、現在取り組んでいる事業と今後注力する事業との組み合わせを考慮する必要がある。たとえば、現在生産事業に取り組んでおり、今後は生産事業や農作業受託に注力する農業法人の場合、マーケティング戦略を検討する重要性は低い。たとえば、今後注力する事業が、現在取り組んでいない事業であるとすれば、成長志向が強いことか

表７-3　現在と今後の取り組み事業の組み合わせ別農業法人数

現在の取組事業＼今後の新規・充実取組事業	「生産中心」型	「生産・農作業受託」型	「ネット・カタログ販売」型	「生産・加工」型	「多種類」型	合計
「直売所・農作業受託」型	28 6.8%	4 1.0%	16 3.9%	10 2.4%	23 5.6%	81 19.7%
「実需者販売・農作業受託」型	48 11.7%	26 6.3%	6 1.5%	9 2.2%	6 1.5%	95 23.1%
「多事業」型	10 2.4%	1 0.2%	24 5.8%	4 1.0%	16 3.9%	55 13.3%
「加工・通販・農作業受託」型	21 5.1%	4 1.0%	25 6.1%	13 3.2%	42 10.2%	105 25.5%
「生産」型	50 12.1%	4 1.0%	8 1.9%	9 2.2%	5 1.2%	76 18.4%
合計	157 38.1%	39 9.5%	79 19.2%	45 10.9%	92 22.3%	412 100.0%

注：上段はクラスター分析結果に基づく該当法人数、下段は構成割合を表す。

ら、個別戦略は意欲的な・チャレンジングな内容となる。

ここで、多くの農業法人は多様な事業に取り組んでいるが、今後注力する事業も生産に特化しつつ多様であるともいえる。したがって、農業法人ごとに、現在取り組んでいる事業の組み合わせの数は膨大となり、また今後注力する事業の組み合わせの数も膨大となる。事業戦略またはマーケティング戦略を網羅的に検討するためには、現在取り組んでいる事業、ならびに今後注力する事業の組み合わせについて、グループ化する必要がある。

現在の取り組み事業と今後の新規･充実取組事業の組み合わせで見ると(**表7-3**)、「生産」「生産中心」(前者は現在の取り組み事業によるクラスター、後者は今後の新規・充実取り組み事業によるクラスター（以下同じ)、全体の12.1%)、「実需者販売･農作業受託」「生産中心」(同11.7%)、「加工･通販･農作業受託」「多種類」(同10.2%)、「直売所・農作業受託」「生産中心」(同6.8%)、「実需者販売・農作業受託」「生産・農作業受託」(同6.3%）である。

表7-3は、農業法人を、それぞれの取り組む事業の種類に基づいて網羅的に整理・パターン化したものである。各農業法人は、いずれかのグループに該当するので、同表を用いることで、自らの特性に応じた個別戦略を検討する材料を提供できる。

7.3 農業法人の多角化に応じたポジション思考とシステム思考の適用

(1) 取り組み事業による多角化の分類

一般的に、企業は、成長を目指して事業多角化に戦略的に取り組む。

多角化に関する議論は、経営資源の配分の分野で研究されてきた。アンゾフは、1960年代に企業の成長の特徴を市場（顧客の集まり）と製品の2つの軸から、すなわち既存市場か新市場か、既存製品か新製品か、というマトリックスで整理した（**図7-3**）。市場浸透とは、既存の市場における既存の製品の投入において、既存顧客の購入頻度や購入量を増やす、競合相手から顧客を奪うことによって成長するものである。市場開発とは、新市場における既存製品の投入において、これまで未開拓の市場へ投入する、既存製品を多少手直しして新しい市場へ投入することによって成長するものである。製品開発とは、既存の市場において新製品を投入することで成長するものである。多角化とは、新市場において新製品を投入することで成長するものである。

多角化と収益性、成長性の関連はどのようなものであろうか。多角化の程度を小さいものから大きいものへ分類してみた分析結果がある[3)]。多角化の程度が最も小さい形態は、ほぼひとつの事業に集中している専業型である。次は、他の部品製造企業や半製品企業と連携して多角化する垂直型である。さらに、本業がありそれと関連のある分野の事業へ拡大していく形態、本業がありそれとあまり関連のない分野の事業へ拡大していく形態、分散してい

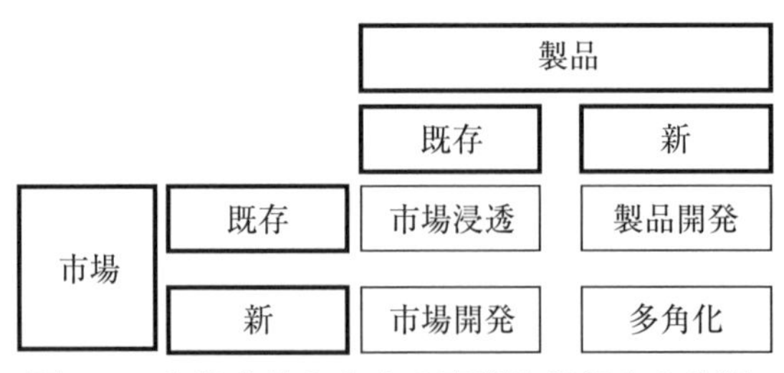

図7-3 企業成長のための事業取り組みの分類

る本業とそれらと関連のある分野の事業へ拡大していく形態、分散している本業とそれらとあまり関連のない分野の事業へ拡大していく形態、分散している本業とそれらと全く関係のない分野の事業へ拡大していく形態である。横軸に多角化の程度、縦軸に収益性・成長性をとると、多角化の程度が高いほど成長性は高く、多角化の程度が中程度の場合に収益性は高いという結果が得られた（**図7-4**）。これより、多角化の程度が中程度までは、成長性と収益性はいずれも上昇するが、それ以上多角化の程度を高めると、成長性は上昇するが収益性は低下するということである。

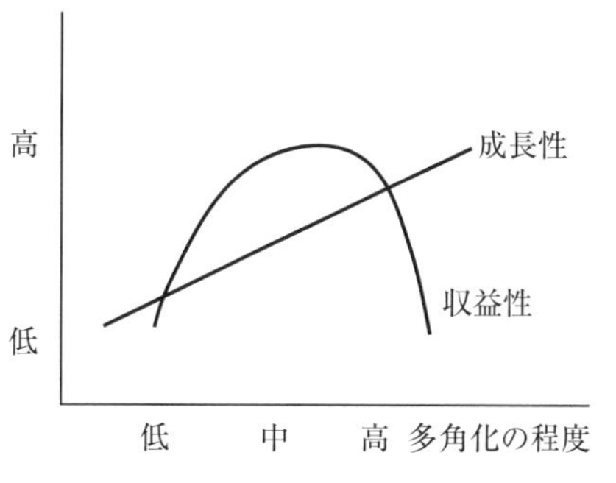

図7-4　多角化の程度と収益性・成長性

多角化の程度の観点から見ると、現在の取り組み事業では、生産型⇒実需者販売・農作業受託型⇒直売所・農作業受託型⇒加工・通販・農作業受託型⇒多事業型、の順番で多角化の程度が大きくなる。今後の新規・充実取り組み事業では、生産中心型⇒生産・農作業受託型⇒生産・加工型⇒ネット・カタログ販売型⇒多種類型、の順番で多角化の程度が大きくなる。そこで、これらの順番で**表7-3**の行と列の項目を並びかえて、多角化の程度を見る。多角化の程度を、低・中・高の３段階で分類した（**表7-4**）。多角化の程度が低い農業法人のグループは、今後の新規・充実取り組み事業が、現在の取り組み事業と同程度あるいは含まれる場合である。これに該当する法人数は、253（全体の61.4％）であった。多角化の程度が中程度の農業法人のグループは、現在の取り組み事業に少数の取り組み事業を加えて新規・充実取り組み事業としている場合である。これに該当する法人数は、111（同26.9％）であった。多角化の程度が高い農業法人のグループは、現在の取り組み事業に多数の取り組み事業を加えて新規・充実取り組み事業としている場合である。これに該当する法人数は、48（同11.7％）であった。したがって、今後

表 7-4 農業法人の多角化の程度

現在の取組事業 ＼ 今後の新規・充実取組事業	「生産中心」型	「生産・農作業受託」型	「生産・加工」型	「ネット・カタログ販売」型	「多種類」型	合計
「生産」型	50 12.1%	4 1.0%	9 2.2%	8 1.9%	5 1.2%	76 18.4%
「実需者販売・農作業受託」型	48 11.7%	26 6.3%	9 2.2%	6 1.5%	6 1.5%	95 23.1%
「直売所・農作業受託」型	28 6.8%	4 1.0%	10 2.4%	16 3.9%	23 5.6%	81 19.7%
「加工・通販・農作業受託」型	21 5.1%	4 1.0%	13 3.2%	25 6.1%	42 10.2%	105 25.5%
「多事業」型	10 2.4%	1 0.2%	4 1.0%	24 5.8%	16 3.9%	55 13.3%
合計	157 38.1%	39 9.5%	45 10.9%	79 19.2%	92 22.3%	412 100.0%

注：［破線枠］ 多角化の程度が小さい
［一点鎖線枠］ 多角化の程度が中程度
［実線枠］ 多角化の程度が大きい
上段はクラスター分析結果に基づく該当法人数、下段は構成割合を表す。

経営が安定的に推移すると予想される農業法人はおおむね全体の６割である。今後の収益性・成長性の両方について、拡大すると予想される農業法人はおおむね全体の３割弱である。今後成長性が拡大する一方で収益性は縮小すると予想される農業法人はおおむね全体の１割である。

（2）多角化の程度別にみたポジション思考とシステム思考

組織は、漸次的進化過程と革新的変革過程を繰り返しながら成長していく。農業法人は、自らが安定的に発展していく時期にある（漸次的進化過程）とするならば、システム思考に基づいて個別戦略を作成する。一方、それまでとは大きく異なる次元の新規事業に取り組む時期にある（革新的変革過程）とするならば、ポジション思考に基づいて個別戦略を作成することとなる。

農業法人の現在の取り組み事業と今後の新規・充実取り組み事業の組み合わせを見ると、多角化の程度が小さい、中程度、大きい、の３つに分類された。個別戦略を作成する方法として、多角化の程度が小さい、中程度の場合には、それまでの活動の成果を踏まえて個別戦略を検討することが可能であるので、システム思考を用いることとなる。多角化の程度が大きい場合には、それまでの活動と大きく異なる新規の事業に挑戦することから、競争重視と変革重視の度合いをあらかじめ設定することによるポジション思考を用いることとなる。

（3）多角化の種類

事業の多角化は、水平的多角化と垂直的多角化、異種的多角化に分類することも可能である。水平的多角化とは、本業に軸足がありそれと関連の深い事業分野に取り組むものであり多角化の程度は低い。垂直的多角化とは、本業に加えて上流あるいは下流において関連のある事業分野に取り組むものであり、多角化の程度は中程度である。異種的多角化とは、本業に加えて上流あるいは下流において関連のない事業分野に取り組むものであり、多角化の程度は高い。農業法人の場合、生産活動をベースとして、栽培面積の拡大や栽培品種の拡大を目指す水平的多角化が多い。この場合、成長性や収益性の大幅な伸びは期待しにくいが、安定性はあると思われる。農商工連携は、製造業者との連携、小売企業との連携であり、ベースは生産活動となり、加工委託や契約栽培といった緩やかな垂直的多角化ともいえる。６次産業化は、垂直的多角化に分類される。これらの場合、成長性や収益性の伸びが期待できる。また、建設業者が農業に新規参入するのは異種的多角化に分類される。この場合、成長性は期待できるが、収益性は期待しにくい。垂直的多角化の例として、カゴメのトマト栽培、カルビーのじゃがいも栽培がある。異種的多角化の例として、たとえば、2000年代、ファーストリテイリング（ユニクロ）はトマト栽培に、あるいは、オムロンはガラスハウスによるトマト栽培に取り組んだが、いずれも収益性を確保することはできなかった。

今後の新規事業としてどれを選択すればよいかについては、水平的多角化、垂直的多角化、異種的多角化のどれを選択しても不確実性が存在する。このように考えると、選択して取り組んでいくことにおいて、着手・遂行・撤退に関していかに戦略的・合理的に進めていくかが重要であるといえる。

注

1）一般財団法人ゆうちょ財団（ポスタル部）からの助成を受けて実施したものである。
2）取り組み事業の種類が８つの場合、農業法人の取り組み事業の組み合わせは255通りである。そこで、クラスター分析により法人の事業取り組みのパターンをグルーピングした。
3）詳細は、石井淳蔵・奥村昭博・加護野忠男・野中郁次郎（1996）「経営戦略論【新版】」有斐閣を参照のこと。

第 8 章

事業戦略作成のヒント

個別戦略としての事業戦略作成のための思考法として、ポジション思考とシステム思考が存在する。現状で取り組んでいる事業と今後注力する事業との組み合わせに応じて、望ましい戦略を作成することが求められる。本章では、ポジション思考とシステム思考に基づく事業戦略作成にあたってのヒントを提供する。

8.1　ポジション思考に基づく事業戦略の作成

（1）戦術方向性とシナリオ作成に基づくポジション思考

事業戦略を作成しようとする場合、競争重視か、変革重視かと問われてもこれらの方向を決めかねる状況がありうる。このような場合、戦術志向とシナリオ作成の観点を出発点として方向付けすることができる。

戦術志向とは、事業戦略を検討する際、内部資源に着目するか外部環境に直目するか、を決めることである。たとえば、規模が小さい法人の場合、内部資源が乏しいことが多いので、外部環境を分析することが有効となる。規模が大きい法人の場合、内部資源の組み換えやバランスの再構築による内部資源の見直しが有効となる。

シナリオ作成とは、現状トレンドを堅持するか革新的な将来像を目指すかのいずれを採用するか決めることである。望ましい将来を達成するためのシナリオ作成において、現状を始点として考えていくのか、将来のあるべき姿を始点として考えていくのかということである。実績が順調に伸びている場合、その状況を継続していくことは望ましい。実績が期待どおりに伸びていない場合、あるいは過去に取り組んだことのない事業に挑戦する場合、それまでと異なる革新的な考え方を始点とすることが望ましい。

このような戦術志向とシナリオ作成の視点に基づいて、競争重視、変革重視それぞれについて望ましい意識度合いを探ってみよう。内部資源に焦点があり、現状トレンドとする場合、現在の取り組みを少しずつ成長させていくことを目指すので、競争意識も変革意識も小さい。内部資源に焦点があり、革新的な将来像を重視する場合、組織変革に基づいて新規事業に取り組むので、競争意識は小さいが変革意識は大きい。外部環境に焦点があり、現状トレンドとする場合、現状の取り組み事業においてシェア獲得を目指すので、競争意識は大きいが変革意識は中程度である。外部環境に焦点があり、革新的な将来像を重視する場合、より望ましい新市場を見つけようとするので、競争意識は小さいが変革意識は中程度である。

このような競争意識と変革意識に基づいて、**図5-1**で示した、ポジション思考による事業戦略の位置づけから、戦術志向とシナリオ作成から見た事業戦略をあてはめることができる（**表8-1**）。

内部資源と現状トレンドを重視するのであれば、他団体とのコラボレーションを意識した協調戦略に基づく分析を行う。内部資源と革新的な将来像を重視するのであれば、望ましい組織像を描きその実現手順を意識したダイナミック・ケイパビリティ戦略に基づく分析を行う。外部環境と現状トレンドを重視するのであれば、外部環境の変化を先導するような競争戦略に基づく分析を行う。外部環境と革新的な将来像を重視するのであれば、多様なリス

表 8-1　戦術思考とシナリオ作成から見た事業戦略

シナリオ作成 戦術志向の方向	現状トレンド	革新的な将来像重視
内部資源に焦点	競争重視しない 変革重視しない ⇒協調戦略	競争重視しない 変革重視する ⇒ダイナミック・ケイパビリティ戦略
外部環境に焦点	競争重視する 変革は中程度重視 ⇒競争戦略	競争重視しない 変革は中程度重視 ⇒リスク対応戦略

クに対応できることを意識したリスク対応戦略に基づく分析を行う。

（2）現在と今後の取り組み事業からみたポジション思考

農業法人は、ポジション思考に基づき、競争意識と変革意識を勘案して、協調戦略、競争戦略、リスク対応戦略、ダイナミック・ケイパビリティ戦略のいずれかの分析手法で事業戦略を検討する。この競争意識と変革意識は、現在の取り組み事業と今後の新規・充実取り組み事業との組み合わせに反映されるので、これらは関連していると想定することができる。

現在の取り組み事業と今後の新規・充実取組事業の組み合わせごとに、望ましいと考えられる４つの分析手法をあてはめてみたのが、**表8-2**である。各分析手法の特徴を踏まえて、一つひとつの欄に分析手法をあてはめた。全体的には、生産を中心に据えている場合、これまでの経緯や経験を重視することから、協調戦略、リスク対応戦略が望ましいと判断した。事業取り組みでの新規性や多様性がある場合、競争状況の激化や変化があることから、競争戦略、ダイナミック・ケイパビリティ戦略が望ましいと判断した。たとえば、現在「生産型」、将来「生産中心型」の場合、販売先はJA（農業協同組合）や卸売市場で安定しているので、変革を重視しないならば、事業戦略では協調戦略が有効である。現在「実需者販売・農作業受託型」、将来「生産中心型」の場合、販売先は大口の実需者と安定しているので、変革を重視しないならば、事業戦略では協調戦略が有効である。現在「加工・通販・農作業受託型」、

表8-2　現在の取り組み事業と今後の新規・充実取組事業の組み合わせごとの事業戦略

今後の新規・充実取組事業 ／ 現在の取組事業	「生産中心」型	「生産・農作業受託」型	「ネット・カタログ販売」型	「生産・加工」型	「多種類」型
「直売所・農作業受託」型	協調	協調	競争	協調	DC
「実需者販売・農作業受託」型	協調	協調	DC	協調	DC
「多事業」型	リスク対応	リスク対応	競争	リスク対応	競争
「加工・通販・農作業受託」型	リスク対応	リスク対応	競争	協調	競争
「生産」型	協調	協調	DC	協調	DC

注：DCはダイナミック・ケイパビリティ戦略である。

将来「多種類型」の場合、新規の販売先を開拓することやこれまでに取り組んだことのない事業に挑戦するので、外部環境を意識するならば、事業戦略では競争戦略が有効である。

ただし、前提が異なれば、別の事業戦略を検討することが有効となることに留意が必要である。たとえば、現在「生産型」、将来「生産中心型」の場合、ある農業法人が変革を重視するならば、栽培・生産に関する組織能力の充実を目指したダイナミック・ケイパビリティ戦略を検討する。現在「実需者販売・農作業受託型」、将来「生産中心型」の場合、ある農業法人が変革を重視するならば、実需者との取引を安定させるためのリスク対応戦略を検討する。現在「加工・通販・農作業受託型」、将来「多種類型」の場合、ある農業法人が新規事業への取り組みのため内部資源の充実を意識するならば、ダイナミック・ケイパビリティ戦略を検討する。また、法人内の個々の事業の特性によっても有効となる事業戦略が異なる場合がある。たとえば、現在「生産型」、将来「生産中心型」の場合、同一法人におけるA事業では協調戦略、B事業ではダイナミック・ケイパビリティ戦略が有効となる場合もある。

（3）ポジション思考に適合した組織能力

農業法人が、自らの事業戦略を作成する時期について、それまでとは大きく異なる次元の新規事業に取り組む時期にあるとするならば、ポジション思考に基づいて事業戦略を作成することとなる。ここでは「どのような戦略を作成するか」と「どのようにして作成するか」がポイントであり、後者については、組織能力が求められる。すなわち、事業戦略を作成する主体は、法人内の組織であったり、個人であったりする。法人の規模が大きくなれば、最終決定は意思決定機関が担うが、それまでに企画部や横断組織（タスクフォース）が主体となって原案を作成する。したがって、これら原案作成主体が、これを担うにたる組織能力を具備していなければならない。

農業法人が、革新的変革過程で事業戦略を作成しようとする場合、どのような組織能力が求められるのであろうか。ここでは、メンタル・モデルに関する議論を紹介する[1)]。メンタル・モデルとは、我々が現実の世界を解釈し行動する際の思考の枠組みを表す。固定観念や思い込みといっていいだろう。たとえば、マーケティング担当者が、ある商品の購入において、消費者は値段の安いものを選ぶ、あるいは品質のよいものを選ぶといった前提を持つことである。たとえば「安物買いの銭失い」といわれているように、安価な品物は品質が悪いと思われていたが、100円ショップの登場で100円でも品質のよいものがあることがわかると、消費者はこのような業態を支持したのである。すなわち、100円の商品を売っても売れないだろうという前提を覆したのである。

特に、組織のリーダーやマネージャーにとっては、異なる次元の事業に取り組む際、メンタル・モデルを吟味したり、修正したりすることが求められる。このため、自分自身のとった認知や行動を振り返ることがひとつの方法である。現実の状況、認識した状況、解釈、前提、結論、信念・世界観、行動といった一連の流れを一段一段振り返る。認識した状況から途中を省略して信念・世界観へと飛躍して解釈していないだろうか。もうひとつの方法は、他の人が自分の行動に接することを介して、他の人が自分に関して抱いている規範を検証することである。自分はこうありたいと思って行動しているつもりでも、実際の行動が伴わず、周りからそれと反対の認識を持たれてしまうことがある。たとえば、「私はこれから皆さんの意見を聞きます」といいながら、何か意見がでてくると問い詰めてしまうことがある。

メンタル・モデルにとらわれている状況を脱するにはどうしたらよいか。具体的には、メンタル・モデルを保留してみる。たとえば、自分の考える主張、論拠などを口に出すことで、それについて立ち止まって考えてみる。自らの意図、戦略、行動、結果の一貫性の欠如や不一致を精査してみる。たとえば、自らの解釈と事実を意識して区別する。「そんなことは起きるはずがない」と考えているような事業環境について、もしそれが起こったらどうするかについて議論してみる。たとえば、シナリオ・プランニングとしてそれまで安住してきたメンタル・モデルを引き離して疑似体験をしてみる。

8.2　システム思考に基づく事業戦略作成のフレーム

（1）事業戦略とシステム思考

6.5で述べた通り、システム思考の基本型には、成功増幅、目標達成（当初の改善重視）、目標達成（ビジョンと成長重視）があるが、現在の取り組み事業と今後の新規・充実取組事業の組み合わせごとに適用できるものは異なる。

事業戦略とシステム思考とはどのような関係にあるか。システム思考における成功増幅の戦略では、長期にわたって成功が積み重なってさらなる成功を生み出す要因群から始まる。この場合、農業法人は、漸次的進化過程にあり、成功が積み重なっているので、新たな事業への取り組みを含む事業戦略を構築する必要性は小さい。

目標達成の戦略とは、現実とビジョンとの間の乖離を解消しようとするものである。乖離を縮めるための必要な修正を特定するところから始まる。目標達成におけるシステム思考では、二つの考え方がある。当初の取り組み改善を重視する考え方（目標はそのままで実態を修正していく）と、ビジョン・成長を重視する考え方（実態はそのままで目標や将来像を修正していく）である。農業法人は、革新的変革過程にあるが、当初の取り組み改善を重視する考え方の場合、組織変革を伴い、ビジョン・成長を重視する考え方の場合、新たな事業戦略を構築する必要がある。小規模な農業法人の場合、トップダウン型によって比較的組織変革を行いやすいので、当初の取り組み改善を重視する考え方を採用しやすい。法人の規模が大きくなるにつれて、規模の大きさを活かした新たな事業戦略を作成する必要性が高まる。

（2）多角化の程度別にみたシステム思考の適用

多角化の程度が小さい農業法人においては、取り組む事業を少なくしようとする法人が存在する。多くの場合、当該法人は、何らかの事業に取り組んだがうまくいかずその後縮小しようとしていると考えているのではないか。

表 8-3　多角化の程度別に見たシステム思考の適用

現在の取組事業＼今後の新規・充実取組事業	「生産中心」型	「生産・農作業受託」型	「生産・加工」型	「ネット・カタログ販売」型	「多種類」型
「生産」型	50 成功増幅	4 成功増幅	9 成功増幅	8 ポジション思考	5 ポジション思考
「実需者販売・農作業受託」型	48 成功増幅	26 成功増幅	9 成功増幅	6 ポジション思考	6 ポジション思考
「直売所・農作業受託」型	28 目標達成	4 目標達成	10 成功増幅	16 成功増幅	23 ポジション思考
「加工・通販・農作業受託」型	21 目標達成	4 目標達成	13 目標達成	25 成功増幅	42 成功増幅
「多事業」型	10 目標達成	1 目標達成	4 目標達成	24 目標達成	16 成功増幅

注：（破線枠）多角化の程度が小さい
（一点鎖線枠）多角化の程度が中程度
（実線枠）多角化の程度が大きい
上段は、事業選択アンケートにおけるクラスター分析結果に基づく該当法人数を表す。

そうだとすれば、これら法人に対しては、目標達成の戦略が有効である。これら以外の多角化の程度が小さい法人と多角化の程度が中程度の法人に対しては、成功増幅の戦略が有効である。多角化の程度が大きい法人は、それまで取り組んだことのない事業にチャレンジする。法人の成長過程からみると、これは革新的変革過程に該当する。これに該当する法人は新規事業に関する知識が乏しいことからシステム思考を適用しにくく、変革意識と競争意識に基づくポジション思考を用いることが適切である。

このような考え方に基づいて、現在の取り組み事業と今後の新規・充実取り組み事業の組み合わせごとに、成功増幅の戦略を適用するのか、目標達成の戦略を適用するのかについて、**表8-3**に整理する。

8.3　システム思考に基づく事業戦略の作成—成功増幅

現在の取り組み事業と今後の新規・充実取り組み事業の組み合わせからみた成功増幅の戦略に適合する組み合わせ（**表8-3**）に基づいて、事業戦略作成に寄与するシステム図を提示する。

【「生産」型⇒「生産中心」型（図8-1）】

当該農業法人は、現在生産のみに取り組んでおり、今後の新規・充実取り組み事業も生産中心に考えている。

取り組み事業や農作業受託の拡大を目指さないので、規模拡大志向があるとはいえず、現在生産している農産物の品質向上や現在の生産技術の向上に取り組むこととなる。

【「生産」型⇒「生産・農作業受託」型（図8-2）】

当該農業法人は、現在生産のみに取り組んでおり、今後の新規・充実取り組み事業では農作業受託を視野に入れている。

周辺からの農作業委託ニーズに応えていきたいと考えているので、農作業

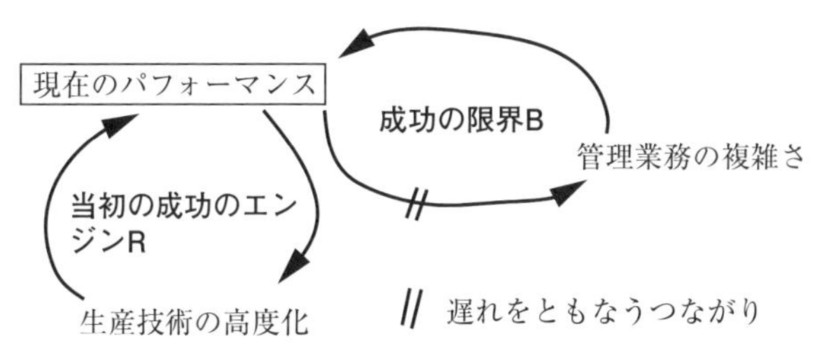

図8-1　「生産」型⇒「生産中心」型（成功増幅）

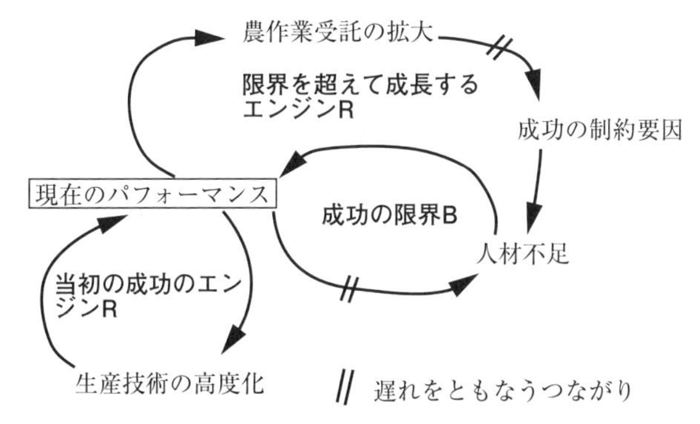

図8-2　「生産」型⇒「生産・農作業受託」型（成功増幅）

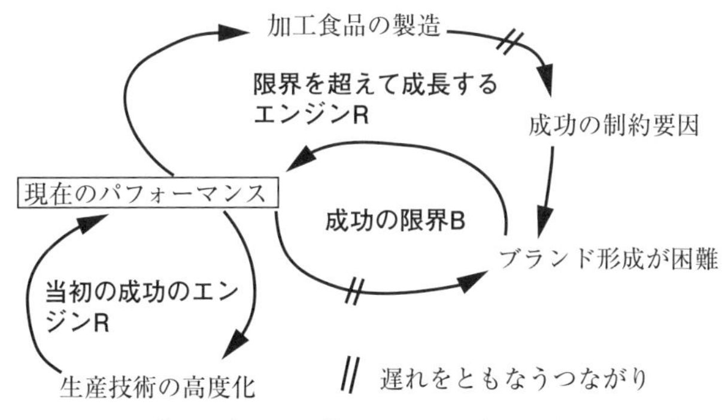

図8-3　「生産」型⇒「生産・加工」型（成功増幅）

受託の拡大に対応した生産資源の確保、特に人材確保が課題となる。

【「生産」型⇒「生産・加工」型（図8-3)】

当該農業法人は、現在生産のみに取り組んでおり、今後の新規・充実取り組み事業では食品加工を視野に入れている。加工への取り組みでは、設備投資を必要としない委託加工の形態もあるので、柔軟な対応が可能である。

加工への取り組みでは、ともすればジュースやジャム等汎用食品では競争が激しい分野への参入となるので独自のブランドを構築できるかどうかが課題となる。

【「実需者販売・農作業受託」型⇒「生産中心」型（図8-4)】

当該農業法人は、現在実需者販売や農作業受託に取り組んでおり、今後の新規・充実取り組み事業では生産中心に絞りたいとしている。

実需者販売や農作業受託が軌道に乗っており、これ以上の規模拡大は望んでいない。したがって、現在生産している農産物の品質向上や現在の生産技術の向上に取り組むこととなる。

【「実需者販売・農作業受託」型⇒「生産・農作業受託」型（図8-5)】

当該農業法人は、現在実需者販売や農作業受託に取り組んでおり、今後の新規・充実取り組み事業では生産・農作業受託に絞りたいとしている。

実需者販売が軌道に乗っており、周辺からの農作業委託に関する要望に応えていきたいとしている。すなわち、農作業受託の拡大によって生産拡大しても、それに応じた実需者販売が可能であると見込んでいる。したがって、農作業受託を拡大したときの生産資源、特に人材確保や物流体制整備が課題となる。

【「実需者販売・農作業受託」型⇒「生産・加工」型（図8-6)】

当該農業法人は、現在実需者販売や農作業受託に取り組んでおり、今後の

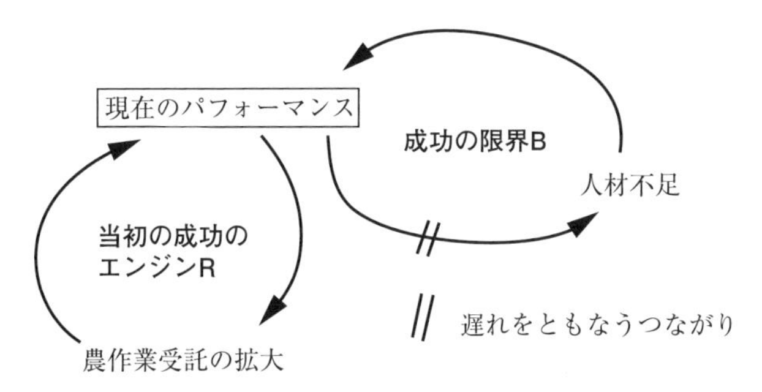

図8-4　「実需者販売・農作業受託」型⇒「生産中心」型（成功増幅）

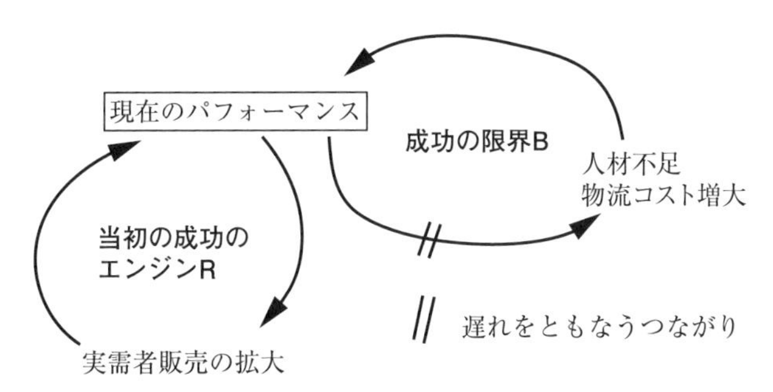

図8-5　「実需者販売・農作業受託」型⇒「生産・農作業受託」型（成功増幅）

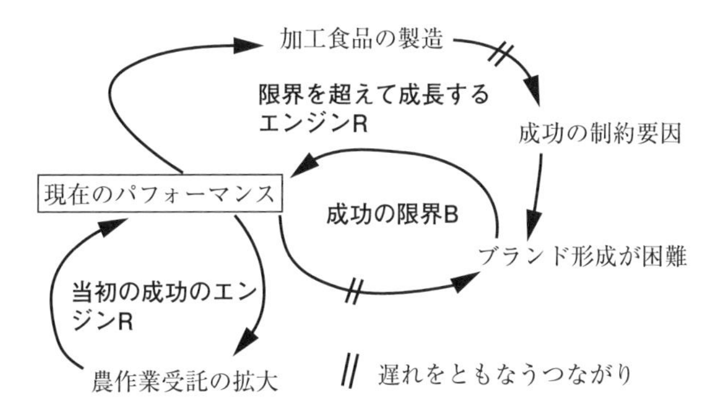

図8-6　「実需者販売・農作業受託」型⇒「生産・加工」型（成功増幅）

新規・充実取り組み事業では加工事業に取り組みたいとしている。

農作業受託の拡大を見込んで、それを原材料とした加工への取り組みに意欲を持っている。ジュースやジャム、漬物等汎用食品の分野では競争が激しいので、独自のブランドを構築できるかどうかが課題となる。あるいは組織能力があれば、取引先の実需者とのコラボレーションを模索して加工食品の新分野の企画・開拓に挑戦する。

【「直売所・農作業受託」型⇒「生産・加工」型（図8-7)】

当該農業法人は、現在直売所販売や農作業受託に取り組んでおり、今後の新規・充実取り組み事業では加工事業に取り組みたいとしている。

農作業受託の拡大を見込んで、それを原材料として加工への取り組みに意欲を持っている。現在うまくいっている直売所における加工食品の販売の拡大を目指している。ジュースやジャム、漬物等汎用食品の分野では競争が激しいので、消費者に訴求できる独自ブランドを構築できる企画力があるかどうかが課題となる。直売所内に加工場を設置して来店者が加工食品製造のワークショップに参加できるようにすることも考えられる。

【「直売所・農作業受託」型⇒「ネット・カタログ販売」（図8-8)】

当該農業法人は、現在直売所販売や農作業受託に取り組んでおり、今後の新規・充実取り組み事業ではネット・カタログ販売に取り組みたいとしている。

農作業受託の拡大を見込んでおり、そこで増大する農産物を直売所で販売できると見込んでいる。加えて、消費者に直接販売するネット・カタログ販売に取り組む予定である。ネット・カタログ販売に精通した人材を確保できるかどうか、あるいはIT関連企業とコラボレーションできるかどうか、が課題となる。コラボレーションでは、人事交流を行いそれぞれの組織能力を補完しあうような仕組みを構築する。

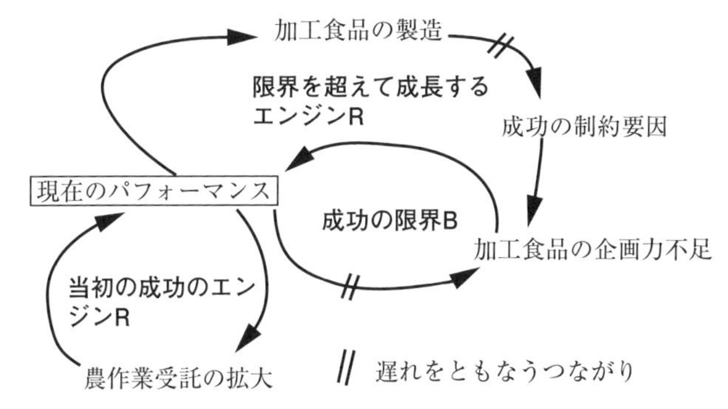

図8-7　「直売所・農作業受託」型⇒「生産・加工」型（成功増幅）

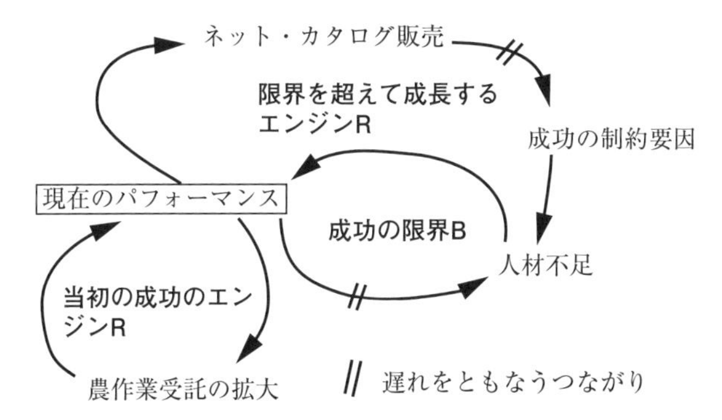

図8-8　「直売所・農作業受託」型⇒「ネット・カタログ販売」型（成功増幅）

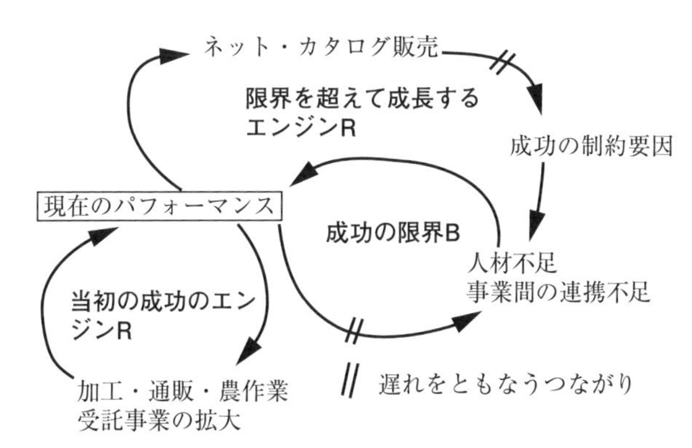

図8-9　「加工・通販・農作業受託」型⇒「ネット・カタログ販売」型
（成功増幅）

【「加工・通販・農作業受託」型⇒「ネット・カタログ販売」型（図8-9）】

当該農業法人は、現在加工・通販・農作業受託に取り組んでおり、今後の充実取り組み事業ではネット・カタログ販売に注力したいとしている。

農作業受託の拡大、ならびにこれと連動した食品加工事業や通販事業の拡大を見込んでいる。消費者に直接販売するネット・カタログ販売によって、農産物や加工食品の生産拡大分を販売していきたいと考えている。ネット・カタログ販売に精通した人材を確保できるかどうか、あるいはIT関連企業とコラボレーションできるかどうか、全体最適を目指した複数事業のマネジメントをできるかどうか、が課題となる。農産物並びに加工食品の販売におけるコラボレーションでは、品目別に複数のプロジェクトを構築することも検討する。

【「加工・通販・農作業受託」型⇒「多種類」型（図8-10）】

当該農業法人は、現在加工・通販・農作業受託に取り組んでおり、今後の新規・充実取り組み事業では、より多種の事業に取り組みたいとしている。

農作業受託の拡大、ならびにこれと連動した加工食品事業や通販事業の拡大を見込んでいる。もし、サービス業等に取り組んでいく意向があるのであれば、多様な事業のシナジー効果を享受できるよう、マネジメントできる人材を自法人内に確保する必要がある。すでに相当程度の売上規模を有しているので、さらなる発展のためには、異なる業種・業界を巻き込んだプロジェクトを企画・実行できる人材確保が課題となろう。

【「多事業」型⇒「多種類」型（図8-11）】

当該農業法人は、現在直売所販売・農作業受託等幅広い事業に取り組んでおり、今後の新規・充実取り組み事業でもこれらを伸ばしていきたいと考えている。

多様な事業に取り組み、さらに拡大していくため、異業種との連携を強化する。また、拡大する事業群を事業部制にするとともに、それらをマネジメ

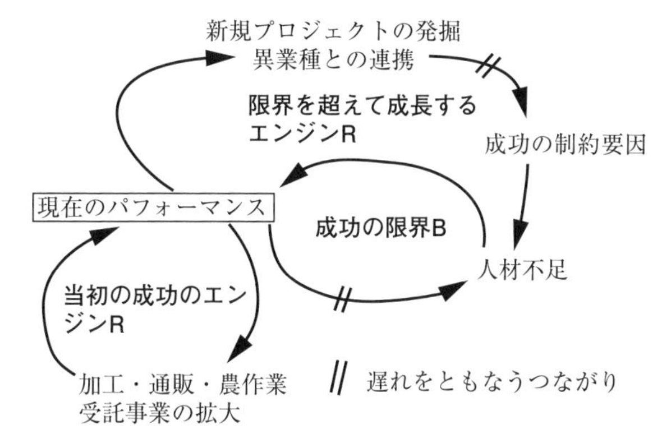

図8-10　「加工・通販・農作業受託」型⇒「多種類」型（成功増幅）

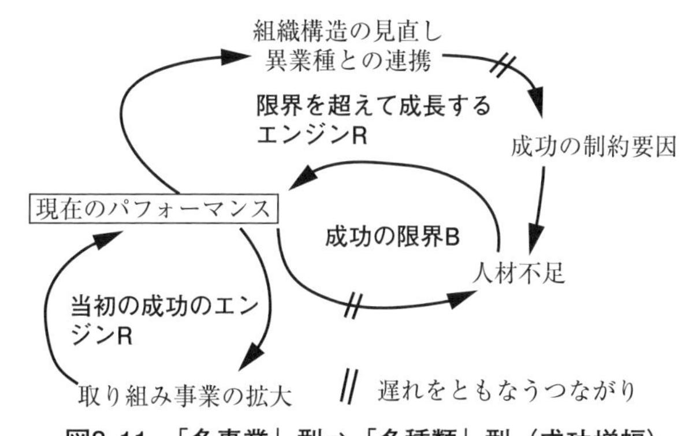

図8-11　「多事業」型⇒「多種類」型（成功増幅）

ントできる人材を自法人内に確保する必要がある。すでに相当程度の売上規模を有しているので、一定の組織能力を有している。今後さらなる発展のためには、同業種でのチェーンオペレーション化、異業種とのコラボレーションやM&A、ホールディング体制の強化、など組織能力のさらなる充実が課題となろう。

図8-1から**図8-11**は、想定される標準的なシステム図である。各法人は、自社の特徴やパフォーマンスを見ながら、独自のシステム図を作成することが望ましい。

8.4　システム思考に基づく事業戦略の作成―目標達成（改善重視）

目標達成における当初の取り組み改善を重視する考え方は、それまでの取り組みの改善を踏まえた上で、少しずつ変革していこうとするものである。そこでは、望ましい目標を達成する当初の改善を確認し、その道筋からそれないことと、効果的となるための課題について考え直すことにおいて、両方の重要性を示すものである。

現在の取り組み事業と今後の新規・充実取り組み事業の組み合わせから見た目標達成（改善重視）の戦略に適合する組み合わせ（**表8-3**）に基づいて、事業戦略作成に参考となるシステム図を提示する。

【「直売所・農作業受託」型⇒「生産中心」型（図8-12）】

当該農業法人は、現在直売所販売や農作業受託に取り組んでおり、今後の新規・充実取り組み事業では生産活動に絞り込みたいとしている。

直売所販売の売上が目標を下回っている。

直売所での品目別の売上動向を観察・分析して、農作業受託においては、それに適合した農産物を生産するようにするなど、乖離を解消するための行動が求められる。たとえば、直売所での品揃えの充実、インターネット活用との連携、直売所のレイアウトや棚割りの変更などについて検討する。

【「直売所・農作業受託」型⇒「生産・農作業受託」（図8-13）】

当該農業法人は、現在直売所販売や農作業受託に取り組んでおり、今後の新規・充実取り組み事業では生産・農作業受託に絞り込みたいとしている。

直売所販売の売上が目標を下回っているが、農作業委託ニーズには応えたいとしている。

直売所での品目別の売上動向を観察・分析して、農作業受託においては、それに適合した農産物を生産するようにするなど、乖離を解消するための行

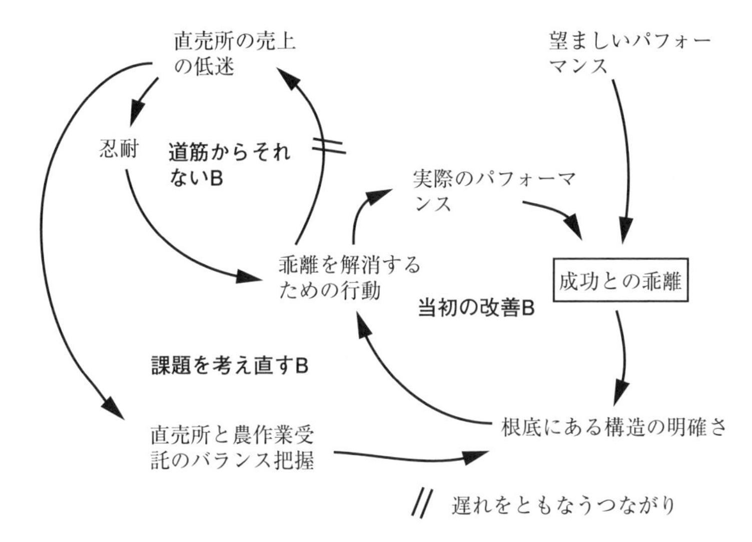

図8-12　「直売所・農作業受託」型⇒「生産中心」型（目標達成（改善重視））

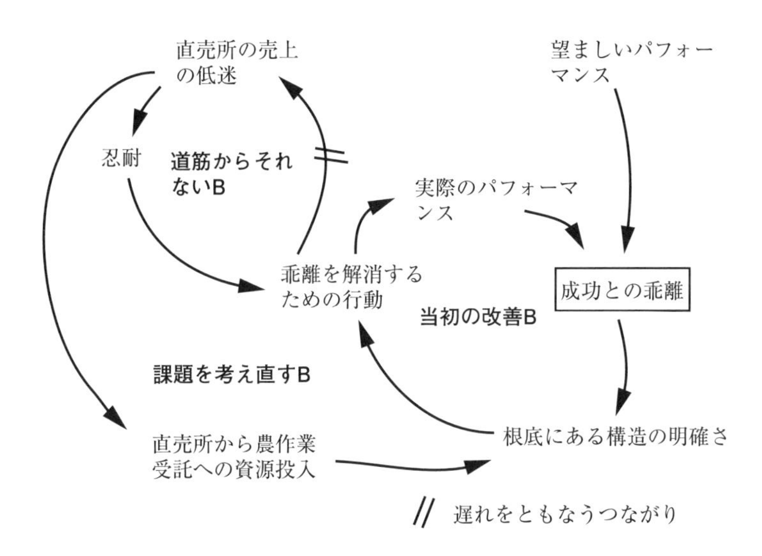

図8-13　「直売所・農作業受託」型⇒「生産・農作業受託」（目標達成（改善重視））

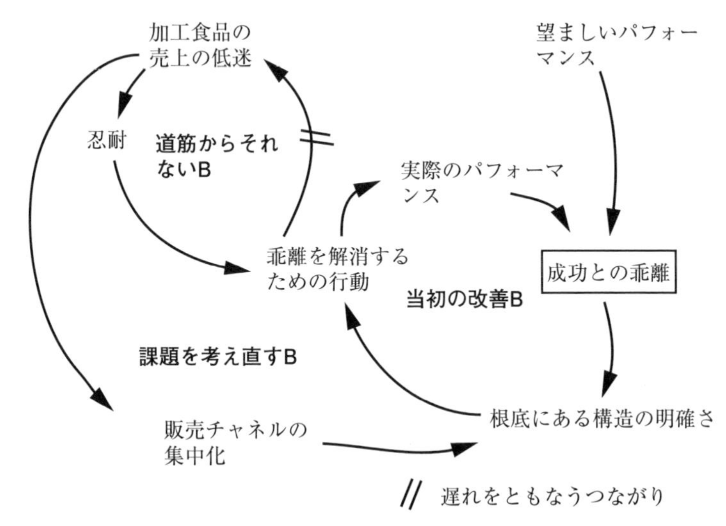

図8-14　「加工・通販・農作業受託」型⇒「生産中心」型
（目標達成（改善重視））

動が求められる。あるいは、直売所販売と農作業受託それぞれの効率性を向上させることやこれらの連携を強化する。あるいは、直売所の無人化を図る。

【「加工・通販・農作業受託」型⇒「生産中心」型（図8-14）】

当該農業法人は、現在加工や通販、農作業受託に取り組んでおり、今後の新規・充実取り組み事業では生産に絞り込みたいとしている。

加工食品や通販品の売上が目標を下回っている中で、農作業受託を絞り込みたいとしている。

加工食品については、競争が激しい通販事業から撤退するなど、販売先を固定化することで販売チャネルの集中化を図る。あるいは、加工食品の製造を委託加工に切り替え、契約内容では原材料の提供に限る。ネット・カタログ通販では、IT企業からの診断を受け、リニューアルを検討する。

【「加工・通販・農作業受託」型⇒「生産・農作業受託」型（図8-15）】

当該農業法人は、現在加工や通販、農作業受託に取り組んでおり、今後の

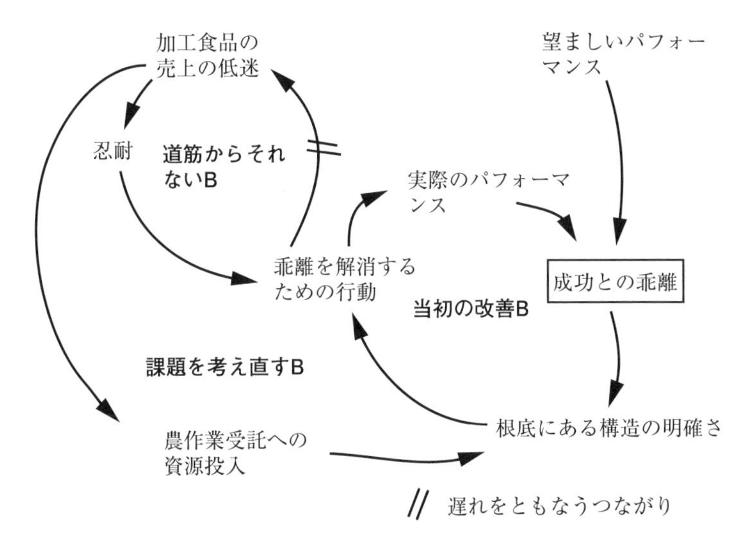

図8-15　「加工・通販・農作業受託」型⇒「生産・農作業受託」型（目標達成（改善重視））

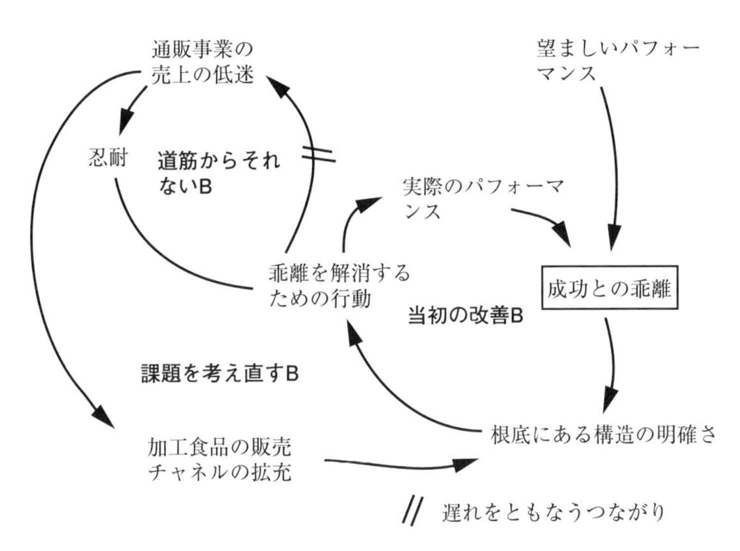

図8-16　「加工・通販・農作業受託」型⇒「生産・加工」型（目標達成（改善重視）

新規・充実取り組み事業では農作業受託を含む生産に絞り込みたいとしている。

加工食品や通販品の売上が目標を下回っている中で、農作業受託については、継続して地域のニーズに応えたいとしている。

加工食品については、競争が激しい通販事業から撤退するなど、販売先を固定化することで販売チャネルの集中化を図る。農作業委託ニーズに応えるためには、人材確保が課題となることから、加工事業や通販事業においてはコラボレーションによって省力化し、人材異動を行う。

【「加工・通販・農作業受託」型⇒「生産・加工」型（図8-16）】

当該農業法人は、現在加工や通販、農作業受託に取り組んでおり、今後の新規・充実取り組み事業では生産・加工に絞り込みたいとしている。

通販での売上が目標を下回っている中で、加工事業に力を入れたいとしている。

通販での加工食品の販売から撤退する。これに代わって、加工食品については大口取引できる卸売業者を開拓・固定化することで販売チャネルの安定化を図る。インターネット活用では、販売目的ではなく、加工食品に関連して顧客との関係づくりを目的としたSNSの活用に力を入れる。

【「多事業」型⇒「生産中心」型（図8-17）】

当該農業法人は、現在多種類の事業に幅広く取り組んでおり、今後の新規・充実取り組み事業では生産に絞り込みたいとしている。

拡大志向で取り組んできたが、それぞれが目標を達成していない。

現在取り組んでいる複数の取り組み事業について、それぞれごとに現状を再整理するとともに、今後の取り組みについて優先順位をつける必要がある。優先順位の高い事業については経営資源を投入し、そうでない事業については自法人の取り組み体制を縮小し他企業とのコラボレーションを模索する。

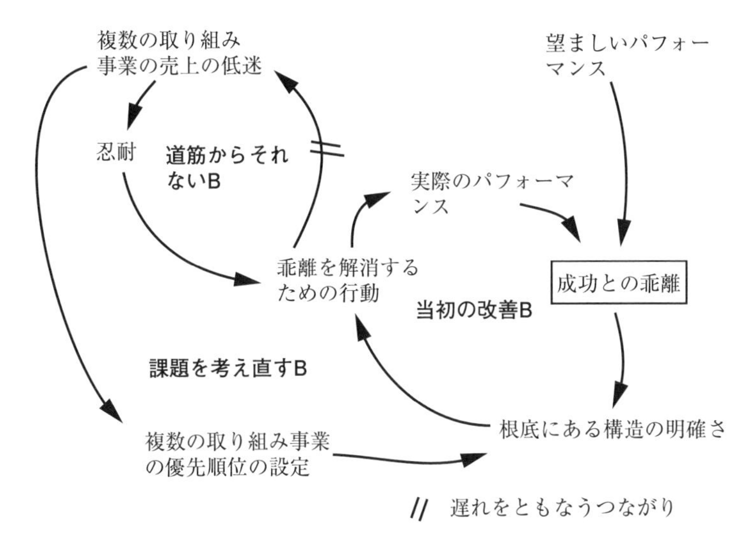

図8-17　「多事業」型⇒「生産中心」型（目標達成（改善重視））

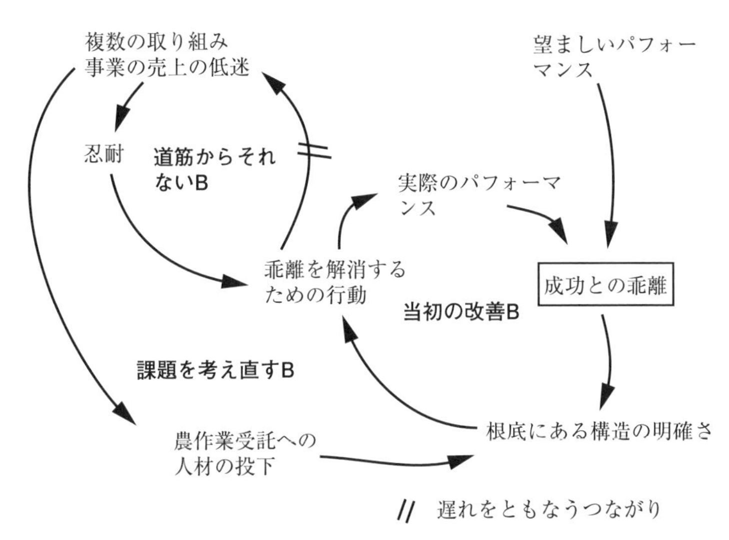

図8-18　「多事業」型⇒「生産・農作業受託」型（目標達成（改善重視））

【「多事業」型⇒「生産・農作業受託」型（図8-18）】

当該農業法人は、現在多種類の事業に幅広く取り組んでおり、今後の新規・充実取り組み事業では生産と農作業受託に絞り込みたいとしている。

各種事業に拡大志向で取り組んできたが、それぞれが目標を達成していない。特に規模が小さい法人の場合には、経営は厳しい状況となる。そこで、地元でニーズの強い農作業受託に活路を見出そうとしている可能性がある。

生産・農作業受託に力を入れることで生産は安定するので、加工事業や販売事業について優先順位を決めて経営資源を効率的に投入していく必要がある。このため加工事業では、品目の絞り込みや委託加工への転換を図る。販売事業では、取引先の絞り込みを行い、場合によっては市場流通の活用の拡大を図る。

【「多事業」型⇒「生産・加工」型（図8-19）】

当該農業法人は、現在多種類の事業に幅広く取り組んでおり、今後の新規・充実取り組み事業では生産と加工に絞り込みたいとしている。

拡大志向で取り組んできたが、それぞれが目標を達成していない。それでも加工事業には力をいれたいとしている。

加工事業においては、企画力と販売チャネルの拡充が必要とされるので、これらを同時に担うことのできる人材を確保する。また他事業から人材を配置転換し研修を充実することで人材のスキルアップを図る。

【「多事業」型⇒「ネット・カタログ販売」型（図8-20）】

当該農業法人は、現在多種類の事業に幅広く取り組んでおり、今後の新規・充実取り組み事業ではネット・カタログ販売に絞り込みたいとしている。

拡大志向で取り組んできたが、それぞれが目標を達成していない。それでもネット・カタログ販売には力をいれたいとしている。消費者向け販売力を拡大したいと考えている。

SNSマーケティングやオムニチャネルなど、ネット通販を取り巻く環境は

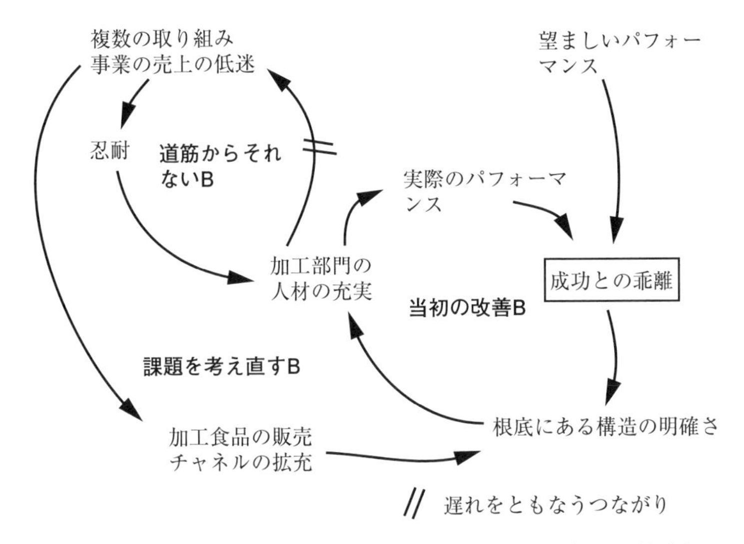

図8-19　「多事業」型⇒「生産・加工」型（目標達成（改善重視））

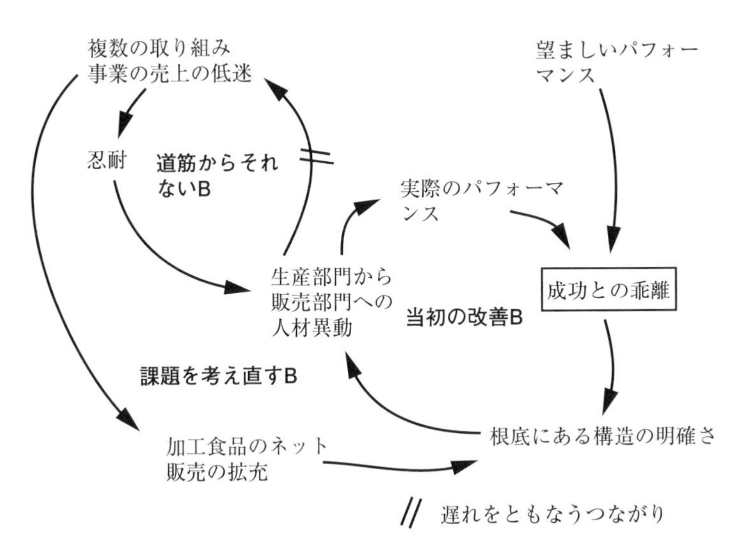

図8-20　「多事業」型⇒「ネット・カタログ販売」型（目標達成（改善重視））

大きく変化していることから、そこに精通した人材を確保する必要がある。また法人全体で関連する研修を充実することでインターネット活用の組織スキルアップを図る。

8.5　システム思考に基づく事業戦略の作成―目標達成（ビジョン重視）

目標達成におけるビジョンと成長を重視する考え方は、新たな成長のエンジンを見つけて変革していこうとするものである。ビジョンを磨き、追加的な成長行動を培い、成功の果実を投資に配当することで、継続的に改善していく。目標達成（改善重視）では、目標を達成していない事業がある中で、その事業の改善を目指すものである、目標達成（ビジョン重視）では、目標を達成していない事業がある中で、それら事業を包摂する新たなビジョンや成長の芽を探そうとする。

現在の取り組み事業と今後の新規・充実取り組み事業の組み合わせから見た目標達成（ビジョン重視）の戦略に適合する組み合わせ（**表8-3**）に基づいて、事業戦略作成に参考となるシステム図を提示する。

【「直売所・農作業受託」型⇒「生産中心」型（図8-21）】

当該農業法人は、現在直売所販売や農作業受託に取り組んでおり、今後の新規・充実取り組み事業では生産活動に絞り込みたいとしている。

直売所販売の売上が目標を下回っている。

新たな事業戦略として、生産活動に注力することから協調戦略を採用する。生産活動を充実させるための人材の確保と育成に重点を置くと同時に、協調戦略として外部機関との生産技術に関する連携を深めていく。

【「直売所・農作業受託」型⇒「生産・農作業受託」（図8-22）】

当該農業法人は、現在直売所販売や農作業受託に取り組んでおり、今後の新規・充実取り組み事業では生産・農作業受託に絞り込みたいとしている。

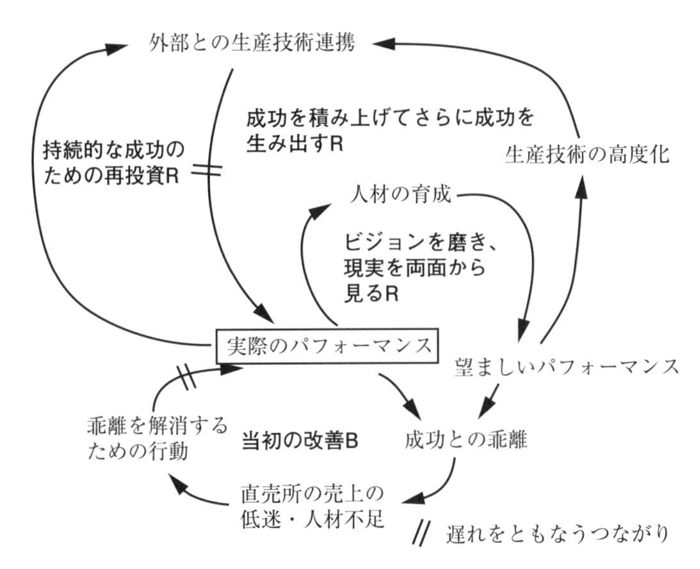

図8-21　「直売所・農作業受託」型⇒「生産中心」型（目標達成（ビジョン重視））

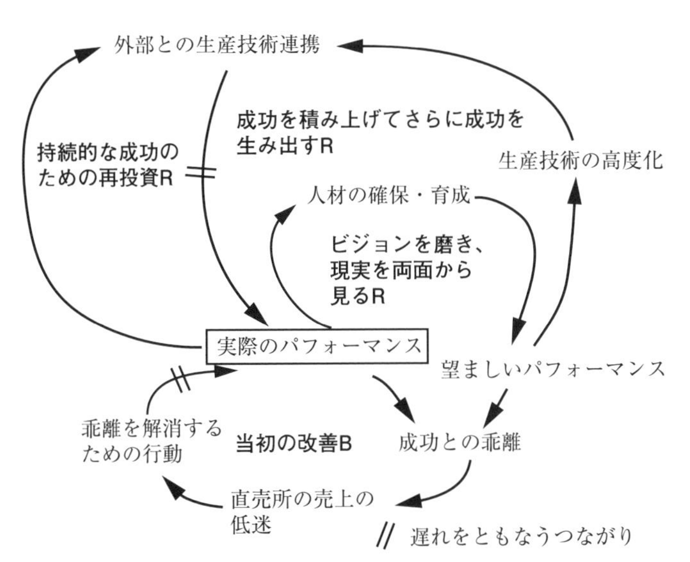

図8-22　「直売所・農作業受託」型⇒「生産・農作業受託」
（目標達成（ビジョン重視））

直売所販売の売上が目標を下回っているが、農作業委託ニーズには応えたいとしている。

新たな事業戦略として、生産活動・農作業受託に注力することから協調戦略を採用する。

生産活動・農作業受託を充実させるための人材の確保と育成に重点を置くと同時に、協調戦略として外部機関との生産技術に関する連携やネットワーク化による農作業受託システムの構築を進めていく。

【「加工・通販・農作業受託」型⇒「生産中心」型（図8-23）】

当該農業法人は、現在加工や通販、農作業受託に取り組んでおり、今後の新規・充実取り組み事業では生産に絞り込みたいとしている。

加工食品や通販品の売上が目標を下回っている中で、農作業受託を縮小したいとしている。

新たな事業戦略として、生産活動に注力することから協調戦略を採用する。

加工事業や通販事業については、外部機関へアウトソーシングし、生産活動を充実させるための人材の確保と育成に重点を置くと同時に、協調戦略として外部機関との生産技術に関する連携を深めていく。

【「加工・通販・農作業受託」型⇒「生産・農作業受託」型（図8-24）】

当該農業法人は、現在加工や通販、農作業受託に取り組んでおり、今後の新規・充実取り組み事業では生産に絞り込みたいとしている。

加工食品や通販品の売上が目標を下回っている中で、農作業受託については、地域のニーズに応えたいとしている。

新たな事業戦略として、生産・農作業受託活動に注力することから協調戦略を採用する。特に、農作業受託の拡大に向けて、内部に受託生産を管理できる人材を確保・育成するとともに、ネットワーク化による農作業受託システムの構築を図る。

加工事業や通販事業については、外部機関へアウトソーシングし、当該事

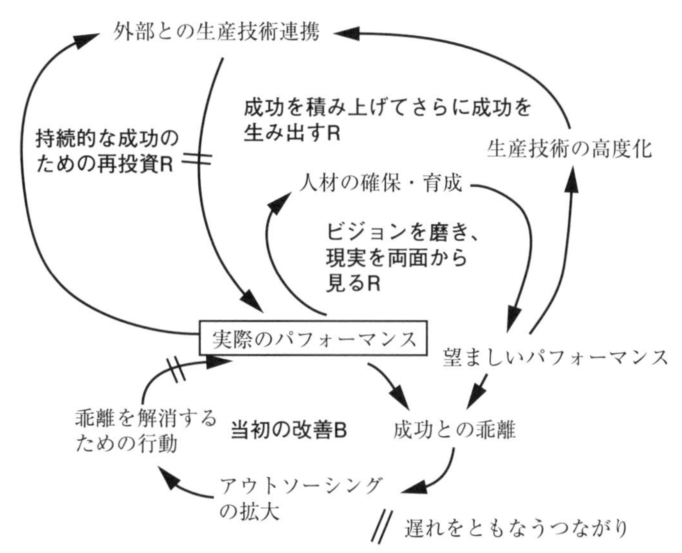

図8-23　「加工・通販・農作業受託」型⇒「生産中心」型（目標達成（ビジョン重視）

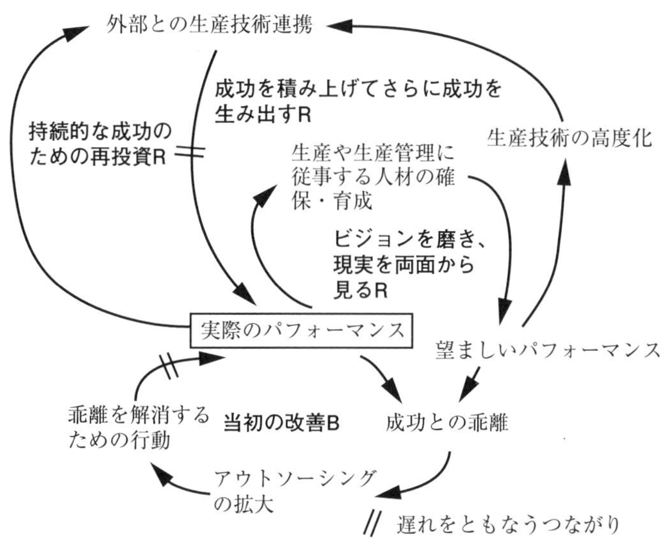

図8-24　「加工・通販・農作業受託」型⇒「生産・農作業受託」型（目標達成（ビジョン重視））

業に従事する人材のリスキリングを進めるとともに生産・農作業受託活動を充実させるための人材の確保と育成に重点を置く。

【「加工・通販・農作業受託」型⇒「生産・加工」型（図8-25）】

当該農業法人は、現在加工や通販、農作業受託に取り組んでおり、今後の新規・充実取り組み事業では生産・加工に絞り込みたいとしている。

通販での売上が目標を下回っている中で、加工事業に力を入れたいとしている。

新たな事業戦略として、競合他社が多く存在する加工事業に注力することから当該事業では競争戦略を採用する。生産事業では協調戦略を採用する。

通販での加工食品の販売はアウトソーシングする。生産・加工活動を充実させるための人材の確保と育成に重点を置くと同時に、協調戦略として外部機関との生産・加工技術に関する連携を深めていく。

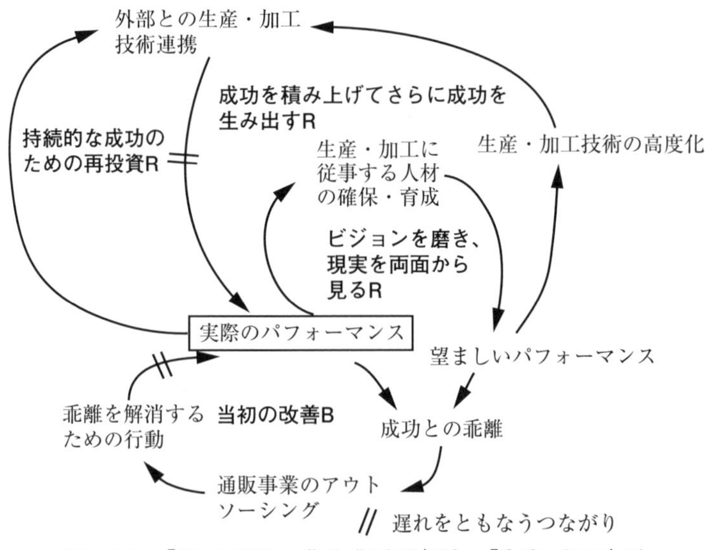

図8-25　「加工・通販・農作業受託」型⇒「生産・加工」型
（目標達成（ビジョン重視））

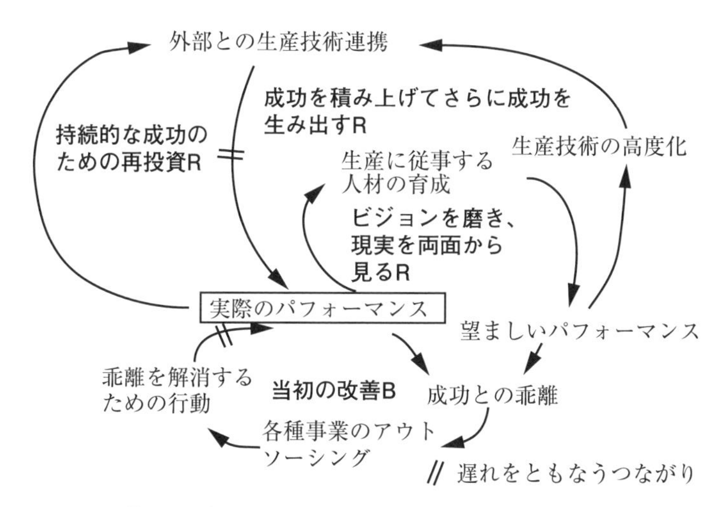

図8-26　「多事業」型⇒「生産中心」型（目標達成（ビジョン重視））

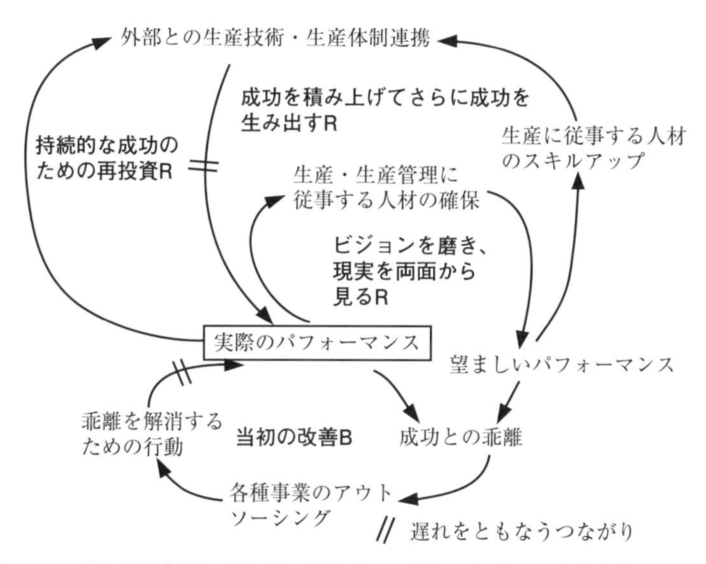

図8-27　「多事業」型⇒「生産・農作業受託」型（目標達成（ビジョン重視））

【「多事業」型⇒「生産中心」型（図8-26）】

当該農業法人は、現在多種類の事業に幅広く取り組んでおり、今後の新規・充実取り組み事業では生産に絞り込みたいとしている。

多様な事業活動に拡大志向で取り組んできたが、それぞれが目標を達成していない。

新たな事業戦略として、生産活動に注力することから協調戦略を採用する。

現在取り組んでいる生産以外の取り組み事業について、それぞれをアウトソーシングする。当該事業に従事する人材のリスキリングを進めることで、生産活動を充実させるための人材の育成に重点を置くと同時に、協調戦略として外部機関との生産技術に関する連携を深めていく。

【「多事業」型⇒「生産・農作業受託」型（図8-27）】

当該農業法人は、現在多種類の事業に幅広く取り組んでおり、今後の新規・充実取り組み事業では生産と農作業受託に絞り込みたいとしている。

多様な事業に拡大志向で取り組んできたが、それぞれが目標を達成していない。したがって、ある程度の経営規模を有しているとはいえ、農作業受託を拡大する余裕はそれほどない。それでも地元で強いニーズのある農作業受託には引き続き取り組んでいきたいとしている。

新たな事業戦略として、生産・農作業受託活動に注力することから協調戦略を採用する。

生産以外の活動は、アウトソーシングする。生産活動・農作業受託を充実させるための人材の確保に重点を置くと同時に、協調戦略として外部機関との生産技術や生産体制に関する連携を深めていく。また、拡大する農作業受託をマネジメントできるスキルの醸成を図ることで、組織能力の向上を図る。

【「多事業」型⇒「生産・加工」型（図8-28）】

当該農業法人は、現在多種類の事業に幅広く取り組んでおり、今後の新規・充実取り組み事業では生産と加工に絞り込みたいとしている。

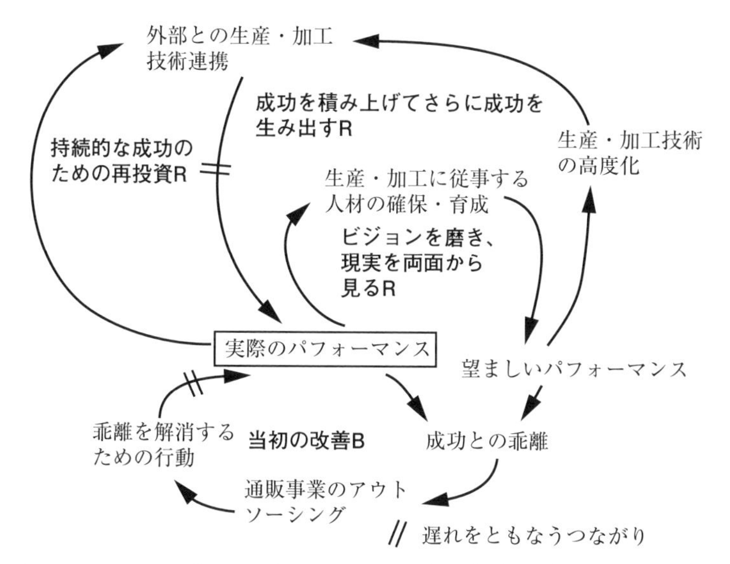

図8-28　「多事業」型⇒「生産・加工」型（目標達成（ビジョン重視））

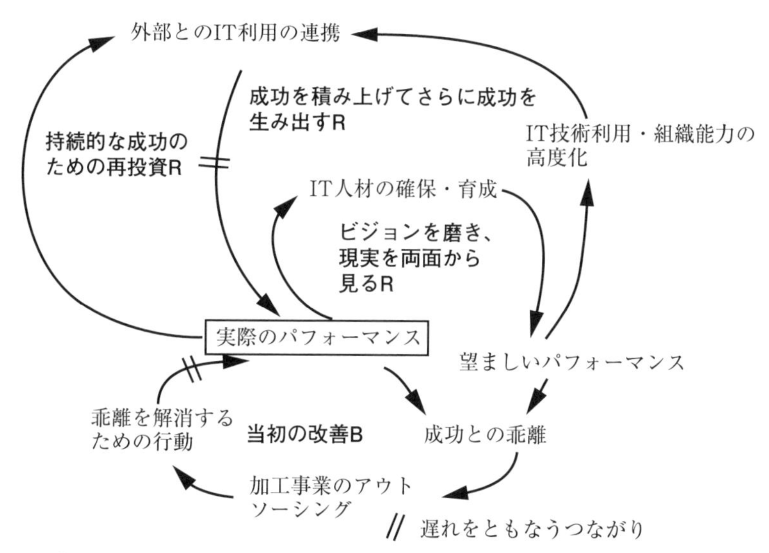

図8-29　「多事業」型⇒「ネット・カタログ販売」型（目標達成（ビジョン重視））

多様な事業に拡大志向で取り組んできたが、それぞれが目標を達成していない。それでも加工事業には力を入れたいとしている。

新たな事業戦略として、競合他社が多く存在する加工事業に注力することから当該事業では競争戦略を採用する。生産事業では協調戦略を採用する。

通販での加工食品の販売はアウトソーシングする。生産・加工活動を充実させるための人材の確保と育成に重点を置くと同時に、協調戦略として外部機関との生産・加工技術に関する連携を深めていく。特に加工事業では、食品メーカーとのコラボレーションを模索することで、加工食品の企画力の向上を目指す。

【「多事業」型⇒「ネット・カタログ販売」型（図8-29）】

当該農業法人は、現在多種類の事業に幅広く取り組んでおり、今後の新規・充実取り組み事業ではネット・カタログ販売に絞り込みたいとしている。

多様な事業に拡大志向で取り組んできたが、それぞれが目標を達成していない。そのような中で消費者に対する販売力の拡大を意図してネット・カタログ販売には力を入れたいとしている。加工事業については、アウトソーシングする、あるいは原料供給に特化する。

新たな事業戦略として、競合他社が多く存在するネット・カタログ販売事業に注力することから当該事業では競争戦略を採用する。SNSマーケティングやオムニチャネル、D2Cなどネット通販を取り巻く環境は大きく変化しており、また消費者のインターネット活用は多様化することから、ITに精通した人材を内部で確保する必要がある。また法人内で全社員向けに開催するIT研修を充実することでインターネット活用に関する組織能力の拡充を図る。

注

1）小田理一郎（2017）『「学習する組織」入門―自分・チーム・会社が変わる持続的成長の技術と実践』英治出版

第9章

マーケティング戦略作成のフレーム

本書では、第４章で述べた通り、マーケティング戦略の３要素として、取り組み事業の選択、販売チャネルの選択、インターネットの活用をとりあげた。

本章では、農業法人がマーケティング戦略を作成するにあたっての前提と留意点を整理する。

9.1　マーケティング目標の設定

（1）マーケティング戦略の必要性

マーケティングを望ましい方向で実行していくためにはマーケティングマネジメントが必要である。マーケティングを思いつきや対処療法的に実行している状況では、問題が発生したときにその原因や改善点を検討しにくいので望ましいとはいえない。漸次的進化過程にある農業法人において、マーケティングマネジメントはPDCAサイクルで実行される。Pは計画作成、Dは実行、Cは評価、Aは改善案の作成である。マーケティングマネジメントの出発点はP計画作成であり、マーケティング戦略の作成である。すばらしい計画を作成してもそれに基づく実行がうまくいくとは限らないが、少なくとも計画内容が望ましくない場合、それが法人にとってメリットをもたらす可能性が低いことは容易に想像される。無謀な計画は達成できないであろうし、容易に達成できる計画では達成できても自身の成長に結び付かない。革新的変革過程にある農業法人において、マーケティングマネジメントは、メンタル・モデルの吟味や修正にも踏み込む組織能力の発揮によって、それまでの延長線上にはないマーケティング戦略の作成を出発点としなければならない。

（2）マーケティング戦略作成の基本事項

マーケティング戦略をどのように作成すればよいか。

マーケティング戦略では、競争を意識した4P（製品、価格、プロモーション、流通経路立地）についてバランスよく検討しなければならない。これは、マーケティング・ミックスといわれている。**3.1**で述べた通り、法人化して間もない農業法人においては、製品戦略・価格戦略・プロモーション戦略について、制約が大きく検討の自由度が狭い。たとえば、生鮮品については地域の歴史・自然条件を踏まえた生産戦略で規定されており、加工食品については企画力を活かすというより定番として存在するものとなりがちである。価格については、市場流通においては卸売市場で価格が決定される。プロモーションについては、有料広告よりもパブリケーションで取り上げられることが現実的であり、またSNSマーケティングとしてインターネット活用に組み込むことができる。そこで、本書では、マーケティング戦略の項目の中で流通経路立地戦略に重点をおいて検討することとした。そして、戦略の要素として、取り組み事業選択、チャネル選択、インターネット活用をとりあげた。

マーケティング戦略の最終的な結果としての成果は、収入の増大につながることである。すなわち、収入の増大につながることを意識したマーケティング戦略を検討する。

一般的に、商品販売では、

収入＝単価×販売数量

であり、単価を上げるか、販売数量を増やすかのどちらかを達成すれば売上の増大につながる。単価が上昇し、販売数量も上昇すれば、売上拡大の伸びは大きくなるが、一般的に単価が上昇すれば販売数量は減少するので、これは容易ではない。すなわち、マーケティング戦略の結果目標として、「単価を上げる」あるいは「販売数量を増やす」のいずれかに焦点を絞るべきである。

（3）組織成長とマーケティング戦略

農業法人は比較的長期にわたる漸次的進化過程と外部環境の変化等に対応した突発的な革新的変革過程を交互に繰り返して組織として成長していく。そして、マーケティング戦略の作成において、漸次的進化過程では相互の要素のつながりを重視するシステム思考、革新的変革過程では変革意識と競争意識に基づくポジション思考を用いることが望ましい。

農業においては、他産業と比べて安定性・継続性がより強く求められるので、革新的変革過程にある農業法人はそれほど多くないと考えられる。確かに、7.1で紹介した事業選択アンケートによれば、現在の取り組み事業を充実させたいという法人数をみると（複数回答)、「カタログ販売やネット販売」24.8％、「加工事業」20.9％、「直売所販売」18.7％、「実需者販売」17.0％、「農作業受託」16.5％であり、相当程度存在する。一方で、新規事業に取り組みたいとする法人数をみると（複数回答)、「加工事業」12.4％、「カタログ販売やネット販売」10.2％、「直売所販売」8.5％、「観光農園」5.0％、「農家レストラン」5.0％であり、現在の取り組み事業を充実させたいという法人数と比べて少ない。

革新的変革過程において、変革意識を重視するか、競争意識を重視するかは、それぞれの農業法人の意向に委ねられる。農業法人の代表者の意向に左右されるといっても過言ではない。それでも、第１章で紹介した、サラダボウル「自ら価値を作り、必然として成長」、こと京都「伝統野菜の掘り起こし」といった成長戦略は変革重視といえる。

（4）今後の新規・充実取り組み事業とマーケティング戦略

表7-4では、農業法人を現在の取り組み事業と今後の新規・充実取り組み事業の組み合わせによって、25の組み合わせに分けた。マーケティング戦略作成の観点からは、今後の新規・充実取り組み事業に着目することとなる。これは「生産中心」型、「生産・農作業受託」型、「生産・加工」型、「ネット・

カタログ販売」型、「多種類」型の５つに分類された。「生産中心」型と「生産・農作業受託」型の法人は、生産事業に注力しようとしていることから、マーケティングの重要性は低い。JA（農業協同組合）や卸売市場、大手の実需者に出荷していることで販売チャネルが安定している可能性がある。「生産・加工」型の法人は、生産事業・食品加工事業に注力しようとしていることから、マーケティングの重要性は低い。食品加工事業では、定番の加工食品（ジュース、ジャム、漬物等）を食品メーカーへ委託加工している可能性がある。

マーケティングが重要となる法人は、今後の新規･充実取り組み事業が「ネット・カタログ販売」型と「多種類」型の２つに該当する場合であり、現在の取り組み事業と今後の新規・充実取り組み事業の組み合わせでは10の組み合わせが存在する。**表7-4**によれば、前者の法人数は79（19.2%）、後者の法人数は92（22.3%）、合計171（41.5%）である。

これらに該当する農業法人は事業戦略の中でもマーケティング戦略の重要性は高い。今後の新規・充実取り組み事業が「生産中心」型と「生産・農作業受託」型では生産戦略、「生産・加工」型では生産・製造戦略がそれぞれ重要となる。そして、人事戦略や財務戦略、投資戦略、国際戦略は、今後の新規・充実取り組み事業がいずれであるかにかかわらず必要な戦略として組み込まれる。

9.2　戦略的マーケティングにおける市場対応

（1）セグメンテーションとターゲティング

本書では、農業法人が、全社戦略において「取り組み事業の選択」について検討し、マーケティング戦略において「チャネル選択」と「インターネット活用」について検討する戦略的マーケティングを採用した。

マーケティング戦略において、顧客価値創造が重要であることはいうまでもない。まずは、顧客価値とは何かを明らかにする必要がある。食品の場合、最終的な顧客は消費者（家計、業務）となる。消費者と直接対峙するのは小売企業や外食・中食企業であるが、もし、農業法人がこれら企業と取引するのであれば、消費者ニーズを踏まえなければならない。社会が成熟化するにつれて、消費者のニーズは多様化し、細分化していく。したがって、供給側は、より細分化されたニーズに応えようと努力する。しかしながら、これをつき進めていくと、供給側は経営資源が分散したり、規模の不経済によってコストアップにつながる。したがって、供給側は、顧客志向のマーケティングとして市場について適切なセグメンテーションとターゲティングを行う必要がある。

ターゲティングで特定された市場は、自社のマーケティング戦略に適合するものでなければならないが、市場を細かく見ていけば、適合するところがある一方でそうでないところも存在する。特に近年は、SNSの普及で消費者間のコミュニティ活動が活発に行われていることを勘案すると、企業側から消費者側への一方的な働きかけが効果を発揮する状況は少なくなっている。

セグメンテーションの程度は、顧客の選好の多様化の程度や多品種少量化に伴うコストの増加、競合関係等に配慮して決める必要がある。たとえば、農業法人の実需者販売においてセグメンテーションを行うと、スーパー、外食企業、中食企業、カットメーカーなどに分けられるが、さらにスーパーであれば地元密着型、ディスカウント型、高級型などに分けられ、外食企業であれば高級レストラン、ファミリーレストラン、大衆レストランなどに分けられる。

ターゲティングには、無差別対応、差別対応、集中対応の種類がある。無差別対応では、少ない商品でなるべく多くの顧客へ対応しようとするものである。差別対応では、市場をいくつかのセグメントに分け、個別の商品でできるだけ多くのセグメントに対応しようとするものである。集中対応では、市場をいくつかのセグメントに分け、少ない商品で少数のセグメントに対応しようとするものである。たとえば、農業法人が野菜の販売において、高級野菜というブランディングに取り組む場合について考える。農業法人が実需者販売を検討している場合、市場細分化の程度は大きい。ターゲティングについては、規模が小さい農業法人であれば集中対応、規模が大きい農業法人であれば差別対応を採用することとなる。

（2）ターゲティングとマーケティング戦略

顧客志向のマーケティング戦略では、企業は消費者の多様化に伴って、セグメンテーションとターゲティング、ポジショニングを検討することが必要であるといわれてきた。しかし、消費者が自主的に参加するSNSコミュニティで自由に意見交換をする状況にあっては、このコミュニティひとつひとつがセグメントとなる。人口統計的条件や地理的条件、社会経済条件で消費者をセグメントすることの意味が薄れる。自主的に発生するコミュニティがどのような同質性を有するのかはコミュニティごとに異なり、あらかじめ想定しにくい。

農業法人が、消費者直販、あるいは加工食品製造に取り組む場合について考えてみる。ターゲティングを検討する場合、前述のとおり、SNSコミュニティに基づくことが望ましい。すなわち、SNSコミュニティは自主的に能動的に結成される消費者グループなので、企業のマーケティング戦略はそのアイデンティに適合させざるをえない。SNSコミュニティにおいてどのような意見が交換され、何が推奨されているのかに依存せざるをえない。

農業法人は、消費者直販、あるいは加工食品製造では、セグメンテーションとターゲティングを検討しにくくなるだろう。一方では、もし、農業法人が消費者直販、あるいは加工食品製造に取り組むとすれば、戦略的マーケティングにおいて市場対応について検討する必要がある。フィリップ・コトラーは、セグメンテーションとターゲティングについて、消費者は自らの意思で参画するSNSコミュニティにおいて横のつながりを持っており、従来のセグメント化手法では決められないと述べた[1)]。今後は、IT技術の発展とSNSの融合によって、デジタル空間（IT技術が高度に利用される社会経済）の力が強まり、マーケティング戦略において、考慮すべき市場対応の重心が顧客主体からデジタル空間主体へ変化するとも指摘している。

このように考えてくると、取り組み事業の選択、販売チャネルの選択、インターネットの活用について検討することと、STPについて検討することは、同時並行的に、お互いを見比べながら進めていかざるをえない状況にあるといえる。

注

１）フィリップ・コトラー、ヘルマワン・カルタジャヤ、イワン・セティアワン、恩藏直人（監訳）、藤井清美（翻訳）(2017)「コトラーのマーケティング4.0　スマートフォン時代の究極法則」朝日新聞出版

第10章

マーケティング戦略作成のヒント

マーケティング戦略の作成において、漸次的進化過程では相互の要素のつながりを重視するシステム思考、革新的変革過程では変革意識と競争意識の重要度に基づくポジション思考を用いることが望ましい。

ポジション思考の活用では、農産物の特性を例示しつつ戦略作成のヒントを提供する。システム思考の活用では、成功増幅や目標達成のシステム図を作成するとともに、メンタル・モデルの変革による成功のエンジンを提示する。

10.1　ポジション思考によるマーケティング戦略の作成

ポジション思考によるマーケティング戦略を検討するのは、革新的変革過程にある、すなわち今後新規事業への取り組みに積極的な多角化の程度が大きい農業法人である。**表8-3**に示される通り、マーケティング戦略の作成が重要であり、また現在の取り組み事業と今後の新規・充実取り組み事業の組み合わせでポジション思考を用いることが適切な農業法人は、次の5つの組み合わせを持つ場合である。

【「生産」型⇒「ネット・カタログ販売」型】

当該農業法人は、現在生産に取り組んでおり、今後の新規取り組み事業ではネット・カタログ販売に取り組みたいとしている。

2000年代初頭に本格化したネット通販事業は、SNSマーケティング、D2C、オムニチャネルというように多様化し発展してきている。技術的発展や消費者意識、関連制度等周辺環境もめまぐるしく変化してきている。

たとえば、有機農産物や希少農産物、伝統農産物を生産している農業法人の場合、当該法人の規模は小さく、競合する法人数と顧客の数は少ない状況にあるとする。このような場合、販売単価を上げることが第一義的な目的となる。ポジション思考において、競争重視の度合いと変革重視の度合いを決める必要があるが、競争重視とはならない。変革重視の度合いが高くなるにつれて、協調戦略、リスク対応戦略、ダイナミック・ケイパビリティ戦略を選択することとなる。協調戦略を採用するとすれば、関連業務をアウトソーシングする、IT企業とコラボレーションするなどの方法を検討する。**表8-2**によれば、事業戦略では、ダイナミック・ケイパビリティ戦略を採用することとなるので、マーケティング戦略として、IT人材を自法人内で確保・育成する。

【「生産」型⇒「多種類」型】

当該農業法人は、現在生産に取り組んでおり、今後の新規・充実取り組み事業では多くの事業に取り組みたいとしている。多くの事業に取り組むといっても、規模が小さい法人の場合、投資力に制約があるので、まずは取り組む事業の優先順位を決める必要がある。規模が大きい法人の場合、まずは実需者販売に取り組むことがリスクは小さいと思われる。実需者としては、スーパー、食品メーカー、レストラン、中食企業等多様な相手先候補があるので、これらから選択することができる。スーパーとの取引の場合、契約取引とインショップの形態がある。契約取引の場合には、自然災害や異常気象が発生した場合、実際の取引量が契約時と異なってしまうことや、小分け、パッケージ、包装等流通加工の役割分担、SCM（サプライチェーンマネジメント）の構築などについて合意を得る必要がある。インショップの場合、買い取りか委託かの取引条件、店舗選択、納品条件について合意を得る必要がある。食品メーカー、レストラン、中食企業等食品関連企業との取引の場合、これら顧客企業は、市場流通では入手しにくい農産物を仕入れたいと考えるので顧客企業の特別なニーズに留意しておく。たとえば、顧客企業は、品種や生産方法、選別・調製・荷姿を指定してくる場合があるので、このような場合には、法人サイドは対応できる体制をあらかじめ整備しておく。**表8-2**によれば、事業戦略では、ダイナミック・ケイパビリティ戦略を採用することとなるので、マーケティング戦略として、食品メーカー、レストラン、中食企業等食品関連企業との取引に対応できる人材を自法人内で確保・育成する。

【「実需者販売・農作業受託」型⇒「ネット・カタログ販売」型】

当該農業法人は、現在実需者販売・農作業受託に取り組んでおり、今後の新規取り組み事業ではネット・カタログ販売に取り組みたいとしている。

2000年代初頭に始まったネット通販事業は、SNSマーケティング、D2C、オムニチャネルというように多様化し発展してきている。技術的発展や消費者意識、関連制度等周辺環境もめまぐるしく変化してきている。

たとえば、一定のブランド力を有する農産物を生産している農業法人の場合、当該農業法人の規模は大きく、競合する農業法人数が少ない一方で潜在顧客の数は多い状況にあるとする。このような場合、販売単価を上げることが第一義的な目的となる。ポジション思考において、競争重視の度合いと変革重視の度合いを決める必要があるが、競争重視とはならない。変革重視の度合いが高くなるにつれて、協調戦略、リスク対応戦略、ダイナミック・ケイパビリティ戦略を選択することとなる。**表8-2**によれば、事業戦略では、ダイナミック・ケイパビリティ戦略を採用することとなるので、マーケティング戦略として、IT人材を自法人内で確保・育成する、あるいは取り引き先の実需者とネット販売コラボレーションを模索する。

【「実需者販売・農作業受託」型⇒「多種類」型】

当該農業法人は、現在実需者販売・農作業受託に取り組んでおり、今後の新規・充実取り組み事業では多様な事業に取り組みたいとしている。多くの事業に取り組むといっても、規模が小さい法人の場合、投資力に制約があるので、まずは取り組む事業の優先順位を決める必要がある。

たとえば、一定のブランド力を有する農産物を生産している農業法人の場合、当該農業法人の規模は大きく、競合する農業法人数が少ない一方で潜在顧客の数は多い状況にあるとする。このような場合、生産規模については農作業受託によって拡大することが可能であり、また販売規模については実需者開拓によって拡大することが可能である。したがって、販売数量を上げることが第一義的な目的となる。加工に取り組むことも一つの選択肢になりうる。ポジション思考において、競争重視の度合いと変革重視の度合いを決める必要があるが、競争重視とはならない。変革重視の度合いが高くなるにつれて、協調戦略、リスク対応戦略、ダイナミック・ケイパビリティ戦略を選択することとなる。**表8-2**によれば、事業戦略では、ダイナミック・ケイパビリティ戦略を採用することとなるので、マーケティング戦略として、多様な事業を管理できる人材を自法人内で確保・育成する、あるいは取り引き先の実需者と人材交流する。

【「直売所・農作業受託」型⇒「多種類」型】

当該農業法人は、現在直売所･農作業受託に取り組んでおり、今後の新規･充実取り組み事業では多様な事業に取り組みたいとしている。多くの事業に取り組むといっても、規模が小さい法人の場合、投資力に制約があるので、まずは取り組む事業の優先順位を決める必要がある。

たとえば、一定のブランド力を有する農産物を生産している農業法人の場合、当該農業法人の規模は大きく、競合する農業法人数が少ない一方で潜在顧客の数は多い状況にあるとする。このような場合、生産力については農作業受託によって拡大することが可能であり、また販売力については直売所販売によって拡大することが可能である。したがって、販売数量を上げることが第一義的な目的となる。加工に取り組むことや直売所販売と組み合わせたネット・カタログ販売に取り組むことも選択肢になりうる。ポジション思考において、競争重視の度合いと変革重視の度合いを決める必要があるが、競争重視とはならない。変革重視の度合いが高くなるにつれて、協調戦略、リスク対応戦略、ダイナミック・ケイパビリティ戦略を選択することとなる。**表8-2**によれば、事業戦略では、ダイナミック・ケイパビリティ戦略を採用することとなるので、マーケティング戦略として、多様な事業を管理できる人材を自法人内で確保・育成する。また加工やネット・カタログ販売という新規の事業に取り組むとすれば、これらを管理できる人材も自法人内で確保・育成する。

10.2　システム思考によるマーケティング戦略の作成

多角化の程度、すなわち現在の取り組み事業と今後の新規・充実取り組み事業の組み合わせごとに、成功増幅の戦略を適用するのか、目標達成の戦略を適用するのかについては、**8.2**で検討したところである。その結果は**表8-3**に整理されている。同表において、システム思考を用いることが適切な農業法人は、５つの組み合わせに該当する場合である。すなわち、マーケティングが重要となる法人は、今後の新規・充実取り組み事業が「ネット・カタログ販売型」と「多種類型」の場合である。また「ネット・カタログ販売型」のうち、システム思考を用いるのが望ましい法人は、現在の取り組み事業が「直売所・農作業受託型」、「加工・通販・農作業受託型」、「多事業型」の場合である。さらに「多種類型」のうち、システム思考を用いるのが望ましい法人は、現在の取り組み事業が「加工・通販・農作業受託型」、「多事業型」の場合である。

なお、これらの検討において作成したシステム図の中に成功の限界が現れた場合、それらを乗り越えることが必要である。**8.1**で述べたように、革新的変革過程で事業戦略を作成しようとする、あるいは異なる次元の事業に取り組む際、組織のリーダーやマネージャーは組織能力としてのメンタル・モデルを吟味したり、修正したりすることが有効であると言われている。このような組織能力は、組織が漸次的進化過程において成功の限界を乗り越えるときにも有効なものである。そこで、成功の限界におけるメンタル・モデルを想定するとともに、それを乗り越える成功のエンジンについても併せて提示する。

【「直売所・農作業受託」型⇒「ネット・カタログ販売」型（図10-1）】

当該農業法人は、現在直売所販売や農作業受託に取り組んでおり、今後の新規・充実取り組み事業ではネット・カタログ販売に取り組みたいとしている。

2000年代初頭に本格化したネット通販事業は、SNSマーケティング、D2C、オムニチャネルというように多様化し発展してきている。技術的発展や消費者意識、関連制度等周辺環境もめまぐるしく変化してきている。

当該法人の事業戦略作成におけるシステム思考の標準型は、**図8-8**に示したとおり成功増幅の戦略である。

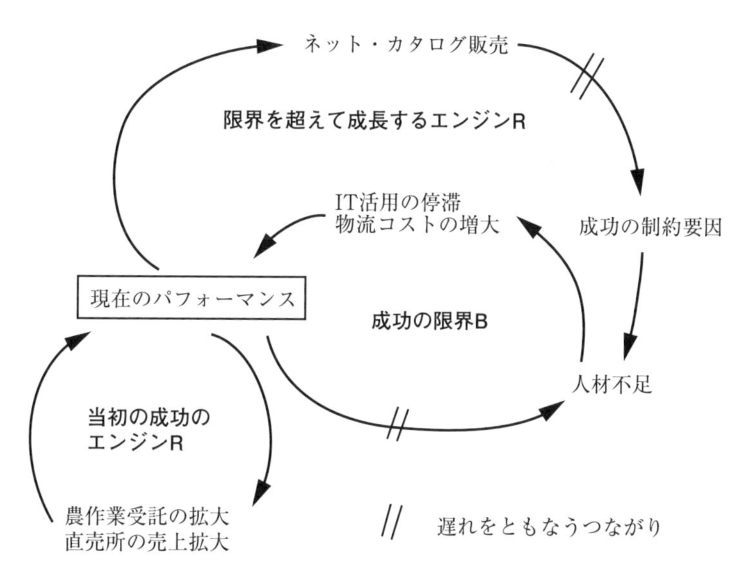

図10-1　「直売所・農作業受託」型⇒「ネット・カタログ販売」型（マーケティング戦略）

4.4で示したように、要素間関係では、「ネット・カタログ販売志向－販売拡充型－ネット通販－ネット・カタログ販売志向」で循環的な関係が見られるので留意する。システム原型では､販売チャネルの拡大を目指してネット・カタログ販売に取り組むが、当初この作業は兼任で処理する。ネット・カタログ販売の売上がさらに増大すると作業量が増大しパートやアルバイトを採用する。関係する管理職社員の負担は大きくなるが、そのための組織能力が向上せず非効率な面が増えていく。これは、短期的には対処療法的な対策が有効であるが、長期的にはデメリットが現出していく問題のすり替わりである。

IT技術は今後も進化していくと見込まれる中で、法人におけるIT活用の停滞が見られるようになる。これは、IT人材を確保・育成することで解決されるが、もともとモノづくりとソフトウエアづくりではその業界の特性が異なるので人材流動は困難である。したがって、外部とのコラボレーションに頼ることになるが、この場合でも自法人内にカウンターパートが必要である。また宅配ビジネスにおける物流人材の不足が深刻化していけば、物流コストの増大に結び付く可能性もある。

図10-1で、成功の限界Bはバランス型ループであり、これは成長エンジンの足かせとなるので、マーケティング戦略を検討する際の解決すべき課題となる。**8.1**で述べた通り､革新的変革過程で事業戦略を作成しようとする場合、組織能力としてメンタル・モデルの変革が求められる。この考え方は、漸次的進化過程において成功の限界を乗り越える時にも適用できるものである。**図10-1**におけるメンタル・モデルは次のように想定される。

・IT人材は農業に関心がない
・ネット通販の物流コストは小さいものである
・ホームページを開設すればアクセスしてくる消費者がいる

このようなメンタル・モデルを変革することを念頭において、成功の限界を乗り越える成功のエンジンを検討してみた（**図10-2**）。成功のエンジンとして、物流コストの適正化、ITコストの削減、IT活用の高度化を提示した。

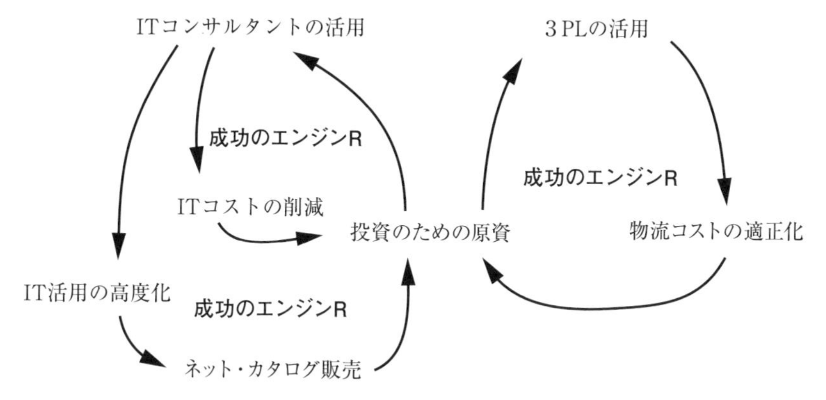

図10-2　成功のエンジン（「直売所・農作業受託」型⇒「ネット・カタログ販売」型）

ここに示したシステム図を入れ込んでマーケティング戦略を検討することが望ましい。

【「加工・通販・農作業受託」型⇒「ネット・カタログ販売」型（図10-3）】

当該農業法人は、現在加工・通販・農作業受託に取り組んでおり、今後の充実取り組み事業ではネット・カタログ販売に取り組みたいとしている。

2000年代初頭に本格化したネット通販事業は、SNSマーケティング、D2C、オムニチャネルというように多様化し発展してきている。技術的発展や消費者意識、関連制度等周辺環境もめまぐるしく変化してきている。このような動向は法人の成長の機会ととらえられる。

当該法人のマーケティング戦略作成におけるシステム思考の標準型は、**図8-9**に示したとおり成功増幅の戦略である。

4.4で示したように、要素間関係では、「ネット・カタログ販売志向－販売拡充型－ネット通販－ネット・カタログ販売志向」と「ネット・カタログ販売志向－加工複合型－eマーケットプレイス－ネット・カタログ販売志向」で循環的な関係が見られるので留意する。システム原型では、販売チャネルの拡大を目指して、自社ホームページやeマーケットプレイス、ネットショ

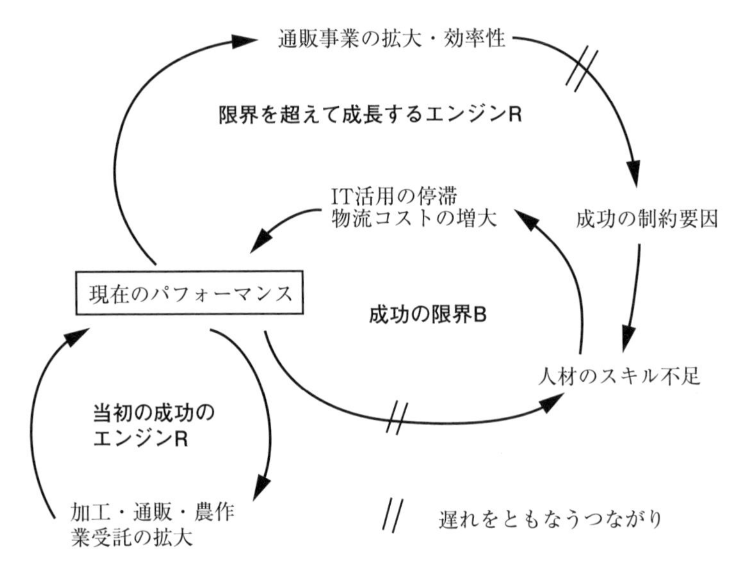

図10-3　「加工・通販・農作業受託」型⇒「ネット・カタログ販売」型（マーケティング戦略）

ッピングモールサイトへの出店等さらなるネット・カタログ販売に取り組むことで、トータルのネット・カタログ販売の売上が増大する。消費者は個別のネット・カタログ販売方法を比較して自分に最もふさわしいものを選択することができるので、個別のネット・カタログ販売の売上は減少していくこととなり、目標のなし崩しの状況となる。ネット・カタログ販売における業務は、ネット・カタログ販売方法別に異なるので、法人内人材のITスキルの向上が必要である。

IT技術は今後も進化していくと見込まれる中で、法人は通販事業の拡大・効率化によって成長していく。通販事業では、法人は、サイトの管理、注文受付、出荷、支払い確認など多くの作業を担わなければならない。IT技術が高度化することでこれらの作業の効率化を図ることができるかどうかが課題となる。また通販事業が拡大することに伴い規模の経済を享受できる仕組みを備えなければならない。必要な人材は、ITに詳しくまた上記の一連の

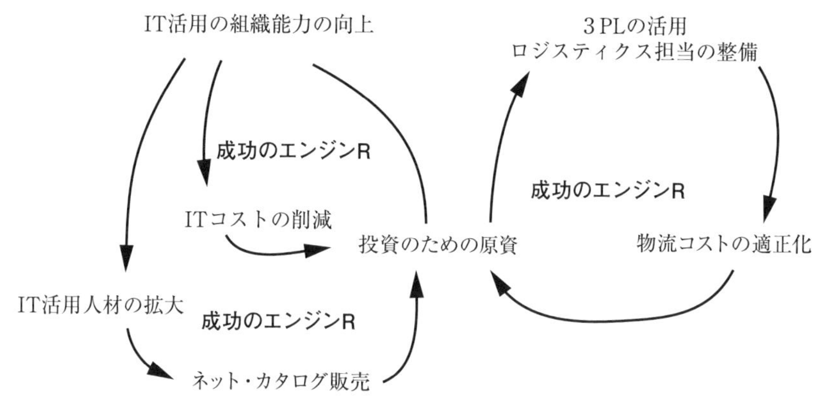

図10-4　成功のエンジン（「加工・通販・農作業受託」型⇒「ネット・カタログ販売」型)

作業をマネジメントできる能力を持つ必要があり、このような人材を確保できるかどうかも課題である。

図10-3で、成功の限界Bはバランス型ループであり、これは成長エンジンの足かせとなるので、マーケティング戦略を検討する際の解決すべき課題となる。**図10-3**におけるメンタル・モデルを想定すると次のようになる。

・自法人におけるITスキルアップは必要ない
・ネット通販の物流コストは小さいものである
・ホームページを開設すればアクセスしてくる消費者は増える

このようなメンタル・モデルを変革することを念頭において、成功の限界を乗り越える成功のエンジンを検討してみた（**図10-4**)。成功のエンジンとして、物流コストの適正化、ITコストの削減、IT活用人材の拡大を提示した。ここに示したシステム図を入れ込んでマーケティング戦略を検討することが望ましい。

【「加工・通販・農作業受託」型⇒「多種類」型（図10-5)】

当該農業法人は、現在加工・通販・農作業受託に取り組んでおり、今後の新規・充実取り組み事業ではさらに幅広く取り組みたいとしている。

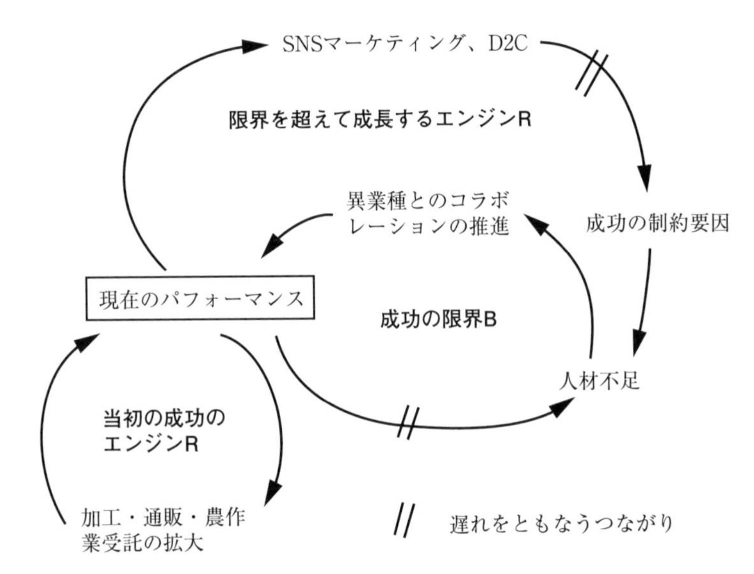

図10-5　「加工・通販・農作業受託」型⇒「多種類」型（マーケティング戦略）

当該法人の事業戦略作成におけるシステム思考の標準型は、**図8-10**に示したとおり成功増幅の戦略である。マーケティングの観点から、加工や通販のパフォーマンスをさらに高めるためには、消費者との価値共創に資するSNSマーケティングが有効である。たとえば、加工食品やサイト上でのコミュニケーションに関する企画を発掘するため、消費者目線を活用する。マーケティング活動に関する人材不足を補うためには、外部の異業種企業とのコラボレーションを推進することが課題となる。

4.4で示したように、要素間関係では、「多種多様性志向－販売拡充型－SNSマーケティング－多種多様性志向」「多種多様性志向－販売拡充型－D2C－多種多様性志向」「多種多様性志向－加工複合型－D2C－多種多様性志向」「多種多様性志向－加工複合型－SNSマーケティング－多種多様性志向」と多くの循環的な関係が見られるので留意する。IT関連、外食・中食業、食品メーカー、物流業等との幅広いコラボレーションを推進する必要がある。システム原型では、多くのコラボレーション目標を達成しようとして担当マ

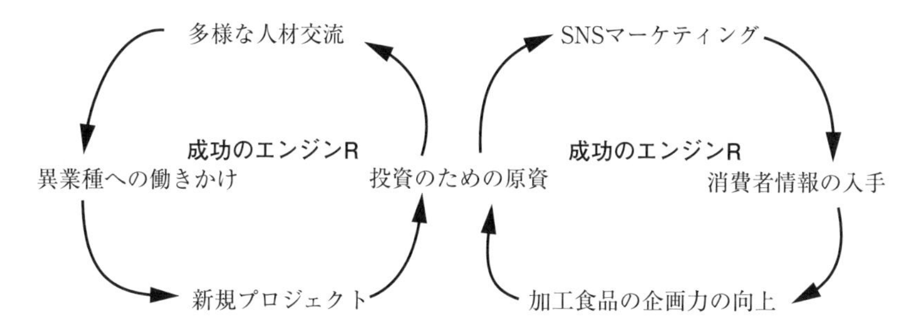

図10-6　成功のエンジン（「加工・通販・農作業受託」型⇒「多種類」型）

ネージャーが努力するが、どの目標についても成果をあげられないというバラバラの目標に陥る可能性がある。

図10-5で、成功の限界Bはバランス型ループであり、これは成長のエンジンの足かせとなるので、マーケティング戦略を検討する際の解決すべき課題となる。**図10-5**におけるメンタル・モデルを想定すると次のようになる。

・消費者に関する情報は入手しにくい
・コラボレーションの相手先となる異業種を探すのには労力がいる
・異業種とコラボレーションを実行しても相手先にメリットがあるだけである

このようなメンタル・モデルを変革することを念頭において、成功の限界を乗り越える成功のエンジンを検討してみた（**図10-6**）。成功のエンジンとして、消費者情報に基づく加工食品の企画力の向上、新規プロジェクトの発掘・実行を提示した。ここに示したシステム図を入れ込んでマーケティング戦略を検討することが望ましい。

【「多事業」型⇒「ネット・カタログ販売」型（図10-7）】

当該農業法人は、現在幅広い事業に取り組んでおり、今後の充実取り組み事業ではネット・カタログ販売に注力したいとしている。

2000年代初頭に本格化したネット通販事業は、SNSマーケティング、D2C、

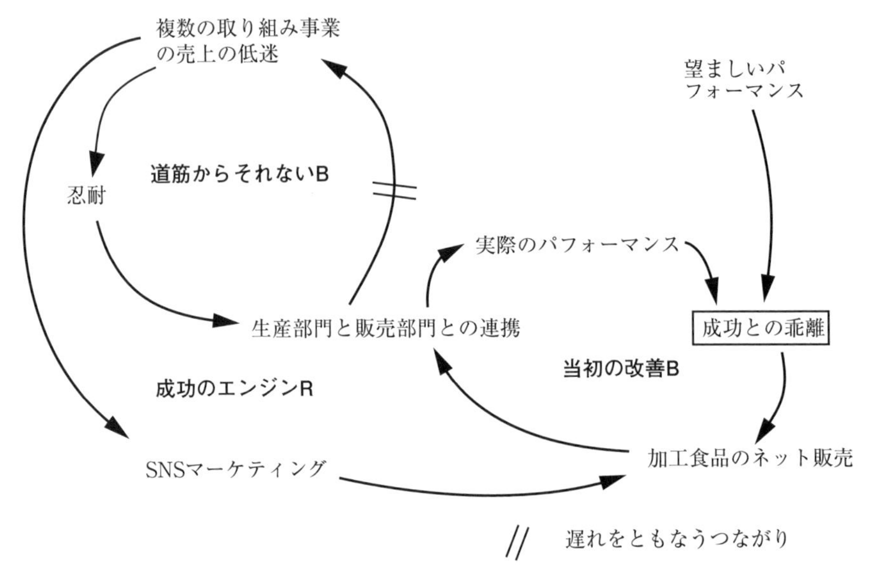

図10-7　「多事業」型⇒「ネット・カタログ販売」型（マーケティング戦略）

オムニチャネルというように多様化し発展してきている。技術的発展や消費者意識、関連制度等周辺環境もめまぐるしく変化してきている。このような動向は成長の機会ととらえられる。

当該法人の事業戦略作成におけるシステム思考の標準型は、**図8-20**に示したとおり目標達成（当初の改善を重視する）戦略である。あるいは、システム思考の標準型として目標達成（ビジョン重視）戦略（**図8-29**）もあるが、まずは多事業におけるマーケティング活動の継続性・関係性を重視すべきである。

マーケティングの観点から、通販のパフォーマンスを改善するためには、消費者との価値共創に資するSNSマーケティングが有効である。たとえば、加工食品やサイト上でのコミュニケーションに関する企画を発掘するため、消費者目線を活用する。

4.4で示したように、要素間関係では、「ネット・カタログ販売志向－販売拡充型－ネット通販－ネット・カタログ販売志向」と「ネット・カタログ販

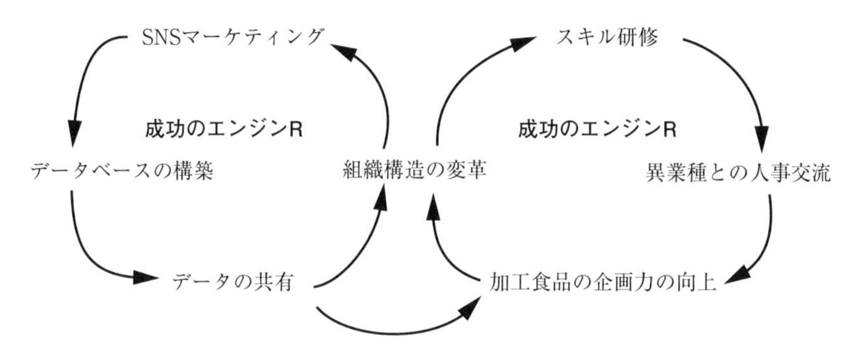

図10-8　成功のエンジン（「多事業」型⇒「ネット・カタログ販売」型）

売志向－加工複合型－eマーケットプレイス－ネット・カタログ販売志向」で循環的な関係が見られるので留意する。比較的規模の大きい法人では、生産部門と販売部門が独立して存在するが、全社の課題を共有するためにはこれらの間で情報共有が必要である。システム原型では、複数の販売チャネルで売上が低迷する場合、生産部門と販売部門との間で情報共有不足となる。すなわち部署間連携がうまくいっていないエスカレートの状況が生じる。

図10-7で、道筋からそれないBと当初の改善Bはバランス型ループであり、これらは成功のエンジンの足かせとなるので、マーケティング戦略を検討する際の解決すべき課題となる。前述と同様な考え方で、**図10-7**におけるメンタル・モデルを想定すると次のようになる。

・気象条件に左右されるので安定した生産の達成は困難である（生産部門）
・加工食品の何が優位なのか不明で顧客に説明しにくい（販売部門）
・IT技術の革新は急激でついていけない
・消費者に関するデータは入手しにくい

このようなメンタル・モデルを変革することを念頭において、**図10-7**における成功のエンジンRの足かせとなることを回避する成功のエンジンを検討してみた（**図10-8**）。成功のエンジンとして、データの共有化、加工食品の企画力の向上を提示した。ここに示したシステム図を入れ込んでマーケティング戦略を検討することが望ましい。

【「多事業」型⇒「多種類」型（図10-9）】

当該農業法人は、現在幅広い事業に取り組んでおり、今後の充実取り組み事業でも引き続き幅広い事業に取り組みたいとしている。順調に成長しており、比較的規模が大きい法人である。

当該法人の事業戦略作成におけるシステム思考の標準型は、**図8-11**に示したとおり成功増幅の戦略である。

マーケティングの観点から、加工や通販のパフォーマンスをさらに高めるためには、消費者との価値共創に資するSNSマーケティングが有効である。たとえば、加工食品やサイト上でのコミュニケーションに関する企画を発掘するため、消費者目線を活用する。マーケティング活動に関する人材不足を補うためには、関連人材の育成や外部企業、特に異業種企業とのコラボレーションを推進することが課題となる。また、SCM（サプライチェーンマネジメント）に対する取り組みを強化する。たとえば、法人営業の専門部署を

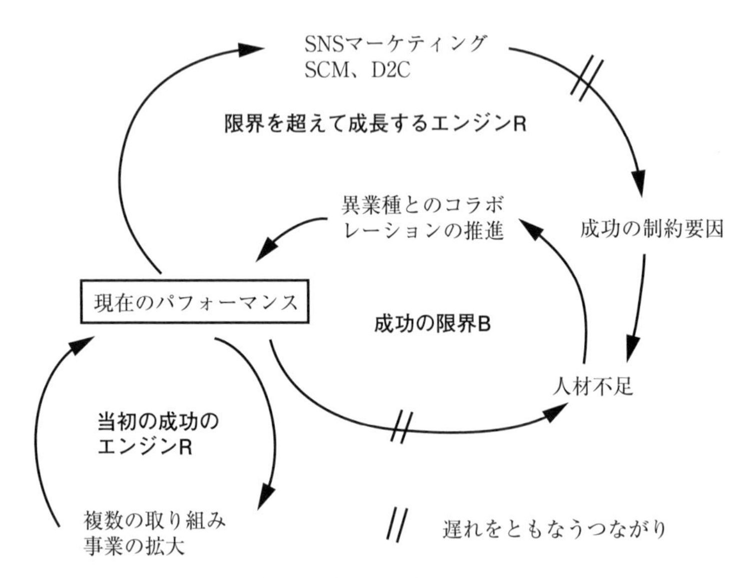

図10-9　「多事業」型⇒「多種類」型（マーケティング戦略）

設けて実需者向け需要を拡大する、事務処理システムを高度化して実需者向け業務を効率化する。

4.4で示したように、要素間関係では、「多種多様性志向－販売拡充型－SNSマーケティング－多種多様性志向」「多種多様性志向－販売拡充型－D2C－多種多様性志向」「多種多様性志向－加工複合型－D2C－多種多様性志向」「多種多様性志向－加工複合型－SNSマーケティング－多種多様性志向」と多くの循環的な関係が見られるので留意する。IT関連、外食・中食企業、食品メーカー、物流業等との幅広いコラボレーションを推進する必要がある。システム原型では、多くのコラボレーション目標を達成しようとして担当マネージャーが努力するが、どの目標についても成果をあげられないというバラバラの目標に陥る可能性がある。また、生鮮農産物や加工食品の生産量が増大すれば、それに対応したSCM（サプライチェーンマネジメント）を構築するための投資が必要となるが、それに関する組織能力を整備できないという成長／投資不足になる。

図10-9で、成功の限界Bはバランス型ループであり、これは成長エンジンの足かせとなるので、マーケティング戦略を検討する際の解決すべき課題となる。**図10-9**におけるメンタル・モデルを想定すると次のようになる。

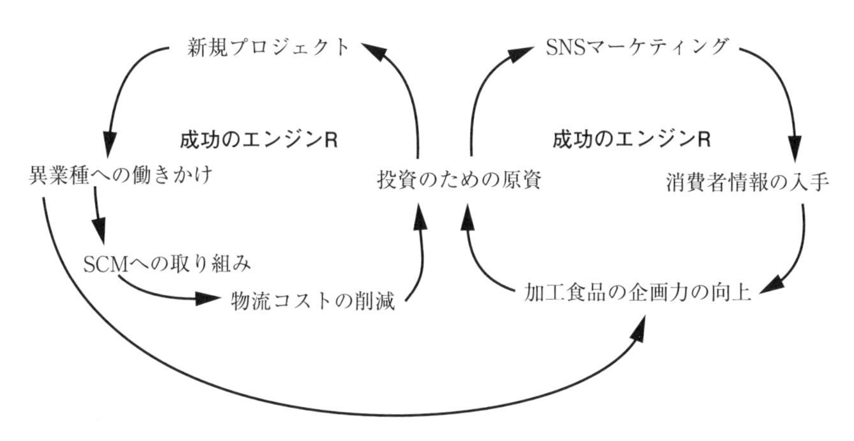

図10-10　成功のエンジン（「多事業」型⇒「多種類」型）

・消費者に関する情報は入手しにくい
・異業種とコラボレーションを実行しても手間がかかるわりに成果がでない
・自部門のパフォーマンスが最も重要である

このようなメンタル・モデルを変革することを念頭において、成功の限界を乗り越える成功のエンジンを検討してみた（**図10-10**）。成功のエンジンとして、物流コストの削減、加工食品の企画力の向上の２点を提示した。ここに示したシステム図を入れ込んでマーケティング戦略を検討することが望ましい。

著者略歴

伊藤　雅之（いとう　まさゆき）

1955年　宮城県生まれ
1979年　東京工業大学理学部情報科学科卒業
1981年　東京工業大学大学院総合理工学研究科システム科学専攻修士課程修了
1981年　株式会社三菱総合研究所入社
社会インフラに関するビジョン策定や整備効果計測等各種調査に従事
2007年　東北文化学園大学総合政策学部准教授
2011年　博士（農業経済学，東京農業大学）
2014年　尚美学園大学総合政策学部教授
2022年　尚美学園大学名誉教授
現　在　筑波学院大学経営情報学部教授

農業法人の経営戦略

—事業戦略とマーケティング戦略を中心に—

2023年10月11日　第1版第1刷発行

著　者　伊藤雅之
発行者　鶴見治彦
発行所　筑波書房
東京都新宿区神楽坂2－16－5
〒162－0825
電話03（3267）8599
郵便振替00150－3－39715
http://www.tsukuba-shobo.co.jp

定価はカバーに表示してあります

印刷／製本　中央精版印刷株式会社

ISBN978-4-8119-0662-1 C3033